飞行模拟:虚拟航空环境

〔英〕阿尔弗雷德·T.李　著

刘剑超　姬嗣愚　岳付昌
林亚军　张　威　译

哈尔滨工业大学出版社

黑版贸登字 08-2023-065 号

内 容 简 介

本书由美国洛斯加托斯贝塔研究公司首席科学家阿尔弗雷德·T.李博士撰写,是一本介绍飞行模拟相关知识的经典著作。

本书介绍了飞行模拟器设计和使用过程中的关键技术,如视景的模拟、声音和通信的模拟、飞机运动体感的模拟等,分析了人类感知和认知功能在重建飞行员任务环境时的作用,阐述了飞行模拟器物理逼真度和感知逼真度的区别。同时,本书还探讨了地面飞行模拟器存在的固有局限性,以及飞行仿真技术的发展前景。

本书可供从事飞行模拟、飞行训练管理和教学、虚拟环境设计、航空安全调查等领域的专业技术人员、研究生和大学生使用。

图书在版编目(CIP)数据

飞行模拟 :虚拟航空环境/(英)阿尔弗雷德.T.李
(Alfred T. Lee)著;刘剑超等译. —哈尔滨 :哈尔
滨工业大学出版社,2024.6.
  —ISBN 978-7-5767-1490-6

I. V211.73
中国国家版本馆 CIP 数据核字第 2024R63U94 号

策划编辑　薛　力
责任编辑　那兰兰
封面设计　刘　乐
出版发行　哈尔滨工业大学出版社
社　　址　哈尔滨市南岗区复华四道街 10 号　邮编 150006
传　　真　0451 - 86414749
网　　址　http://hitpress.hit.edu.cn
印　　刷　哈尔滨市工大节能印刷厂
开　　本　787mm×960mm　1/16　印张 9　字数 153 千字
版　　次　2024 年 6 月第 1 版　2024 年 6 月第 1 次印刷
书　　号　ISBN 978-7-5767-1490-6
定　　价　49.00 元

译　者　序

　　飞行模拟技术是以相似原理、控制理论、计算机技术及其应用领域有关的专业技术为基础，以计算机和各种物理效应设备为工具，利用系统模型对实际的或想定的系统进行试验研究的一门综合性技术。飞行模拟技术大致可分为数学仿真、含实物仿真和人在回路的仿真三类。飞行模拟技术在飞行控制系统研制和飞行员培训等领域有着广泛的应用，其主要应用方式为通过对飞机运动、动力装置、起落架装置、飞行控制系统、航电系统、机电系统以及飞行环境的建模与仿真，并对建模进行校核、验证与确认，最后建立类似于全数字仿真系统、工程模拟器、综合"铁鸟"试验台和飞行训练模拟器等飞行仿真设备与系统，以支持飞行控制系统研制与飞行员培训。飞行模拟技术是一类重要的、先进的科学技术，可以大幅度加快飞行器研发进程、提高研发效率、缩短研制周期、降低研制成本，因此广受世界航空强国的重视。

　　飞行模拟器是飞行模拟技术的最高表现形式，它是典型的人在回路仿真系统，可以用来模拟航空器执行飞行任务时的飞行状态、飞行环境和飞行条件，并给飞行员（空勤人员）提供相似的操纵负荷、视觉、听觉和运动感觉等，是现代航空科研、教学和试验等不可缺少的技术设备，在飞行性能研究、飞行品质评估和飞行训练等方面都具有很高的经济价值和军事价值。

　　本书主要介绍了飞行模拟设计和使用过程中的关键技术，首先探索了飞行员在飞行实践过程中需要模拟的关键领域，讨论了飞行模拟器逼真度和训练效果之间的关系，并阐述了飞行模拟器逼真度的定义和衡量方法。此外，本书对飞行模拟器设计和使用过程中的局限性进行了说明，详细地介绍了飞行模拟器在航空和人为因素研究领域中的价值。本书的创新性特点是将人类的感知和认知功能纳入飞行模拟器设计和评估的各个领域中，而不是单纯地以飞机座舱的物理或功能特性来衡量其逼真度，从而能够更全面地实现虚拟航空环境这一目标。

翻译本书，旨在为广大工程技术人员系统地了解飞行模拟器、夯实飞行仿真的基础提供帮助，以期在推进飞行模拟训练或虚拟环境设计等过程中起到应有的作用。

飞行模拟是一门新兴的学科，它还将不断发展，后续，我们将进一步跟踪飞行模拟方面的技术发展，适时翻译相关方面的书籍、报告，推动飞行模拟技术的深入应用。

刘剑超

2023 年 8 月于葫芦岛

前　　言

在世界上第一架飞机"飞行者一号"首飞成功后不到 30 年的时间里,工程师们就开始应用最新技术在地面研究模拟飞机了。从那时起,飞行模拟所需的技术在能力和复杂性方面都有了显著的提高。随着这些技术的发展,人们逐渐认识到飞行模拟设计不仅需要硬件和软件工程,还需要进一步了解飞行任务,以及人类在飞行实践中的复杂反应。因此,人们现在[①]更关注的是以人为中心的飞行模拟器设计及其评估方法。

本书的主要内容有:首先,本书描述了飞行模拟器的关键组件技术,以及它们在飞行员体验飞行和执行特定任务时发挥的作用。其次,本书还介绍了飞行模拟技术在航空领域的应用情况,以及该技术在飞行员培训和评估方面的效用。最后,本书指出了飞行模拟技术的局限性,给出了未来提高飞行模拟器实用性并降低成本的技术发展方向。

本书旨在让读者了解飞行员在与飞行模拟装置设计直接相关的领域所具备的能力和局限性。

本书的章节安排如下。

前 5 章阐述了飞行员在飞行实践过程中需要模拟的关键领域,包括座舱外视景的模拟、声音和通信的模拟、飞机运动体感的模拟、飞机操纵性和操纵感觉的模拟,以及飞行任务环境的模拟。设置第 5 章的原因是作者认为,如果要在地面模拟器中训练和评估飞行员的高级认知技能(如工作负荷管理和决策),那

---

①　本书中"现在""目前""近期"等时间状语均是相对于本书原著的出版时间而言的。——译者注。

么模拟一个逼真的任务环境是必不可少的。

第6、7章专门讨论了飞行模拟器逼真度和训练效果之间的关系，并讨论了应如何定义和衡量飞行模拟器逼真度，其中还特别强调，我们关注的重点应是飞行模拟器设计技术如何影响飞行员，而不是如何再现飞机座舱的物理和功能特性。

第8章阐述了飞行模拟器技术的一些固有局限性，设计人员和使用人员都需要了解这些局限性。第9章涵盖了智能计算机辅助教学在飞行模拟器领域的应用。第10章描述了飞行模拟器在航空和人为因素研究领域中容易被忽视的实质性贡献。

希望这些章节的论述能够实现本书的写作目的，同时也希望本书能够启发更多的人开发出新的飞行模拟器技术，克服飞行模拟器技术固有的局限性。飞行模拟器在飞行员的训练和评估中起着至关重要的作用。现代民用和军用航空不仅在培训方面，而且在事故调查、先进飞机研究及了解飞行员与飞行环境之间的相互作用方面都非常依赖模拟技术。由于现代航空系统的复杂性，飞行模拟器在飞行员培训和研究中越来越不可或缺，因此其在航空领域可能会越来越重要。要发挥模拟飞行的作用，改进飞行模拟器的设计和了解其如何影响飞行员的飞行体验至关重要。

阿尔弗雷德·T. 李博士

目　　录

第1章　视景仿真

1.1　引　　言

在飞行模拟器技术的发展过程中,对座舱外视觉场景(以下简称视景)的模拟一直是重要的技术挑战之一。事实上,视景系统是飞行模拟器的一个组成部分,直到20世纪80年代,随着计算机处理能力的迅速提升,视景系统才开始取得重大进展。在此之前,高度精细的视景模拟主要是通过摄像机对仿真的地形模型进行扫描来实现的[①]。在早期用计算机成像技术进行视景模拟的过程中,得到的图像细节很少,且分辨率很低。近几十年,随着计算机技术的飞速发展,现代飞行模拟器已经普遍具备在大视场(field of view,FOV)上显示实时图像的能力。本章探讨了视景仿真技术及其在飞行模拟中发挥的作用,以及该技术在设计和实现过程中存在的问题。

1.2　基于目视参考的飞机操纵[②]

座舱外部的视景在飞行员飞行过程中可以起到以下3个基本作用:飞行控制、导航和防撞。正向的飞行控制可进一步分为姿态控制、速度控制和高度控

[①]　早期的图像生成系统由详细的地形模型和安装在龙门架上的摄像机组成,这些摄像机通过模拟飞机的姿态、速度和高度在模型上来回移动。美国太空计划的前期,曾利用该系统的其中一个版本来训练宇航员。

[②]　除特殊说明外,本书中的飞机操纵一般指基本的固定翼飞行操作。这是因为飞机的一些特殊用途(如直升机或军事行动)可能会对飞行模拟器设计要求中的某些要素产生重大影响。

制。飞行员对飞机姿态的控制有三个基本维度：俯仰、滚动和偏航，与视景相关的飞机姿态控制的三个基本维度的视觉线索如图1.1所示。飞机绕其 y 轴或横轴旋转时称之为俯仰，其表现形式就是视景元素在飞机风幕上的上下垂直移动。对于使用视景进行姿态控制的飞行员来说，最重要的视景元素是视觉地平线。

如果有可见的地平线，即使是最稀疏的视景也能够为飞行员提供一些必要的信息，从而帮助飞行员控制飞机的俯仰。事实上，如果人们知道视景的哪一部分是天空，哪一部分是地面，那么控制飞机的俯仰只要一个视觉地平线就足够了。

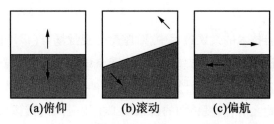

(a)俯仰　　　　　(b)滚动　　　　　(c)偏航

图1.1　与视景相关的俯仰、滚动和偏航的视觉线索

飞机在滚动轴上的操作很大程度上也取决于可见地平线。绕飞机的纵轴或 x 轴滚动或旋转会使可视地平线绕飞机的前进点旋转。地平线的角度就是飞机的倾斜角度，旋转速度就是飞机的滚动速度。早期的飞行模拟器用的是原始的视觉模拟系统，其视觉地平线通常是由白色（天空）和黑色或灰色（大地）两部分的分割线表示的。这就足以支撑基本的俯仰和滚动控制，但前提是飞机的俯仰姿态不会过于极端，以至于地平线完全无法显示。在这些情况下，如果没有可用的人工视觉地平线，很可能造成失控（就像在飞机上一样）。飞机的第三种运动姿态要用到外部视景参考，即偏航或飞机绕 z 轴旋转，它只能通过参考物体或参考点实现，该物体或参考点要能在挡风玻璃上左右移动。因此，仅有一条将地面和天空分开的水平线是不足以提供横轴控制的反馈结果的。视景中至少需要包含一个对象，且该对象能够随飞机偏航或绕 z 轴旋转而移动。还要注意的是，飞机沿 z 轴的平移也会导致其水平位移，尽管这种运动形式在固定翼飞机中表现得不太明显，但在其他飞机（如直升机）中表现得会很明显。如果没有这些额外的视景细节，早期的视景模拟所能够提供的可用的视觉信息是非常有限的，这也导致了在飞行模拟器上利用目视参考进行飞行操纵训练时，其效果非常有限。

当飞机在离地面不到 1 000 ft① 的高度飞行时,增加视景模拟中的物理细节至关重要。因为在这种情况下,地面参考信息对于飞行员判断高度、海拔变化率和飞机近地角度非常重要。在这些条件下,视景模拟的两个基本要素发挥了作用。第一个作用是对视景中各个对象的呈现,第二个作用是对所呈现对象细节的显示。

物体的尺寸等细节信息对飞行员准确判断深度和距离至关重要,同时它还可以反馈深度和距离的变化,在近地时,这些信息对控制飞机的空速和高度体现得更为明显。之所以要对视景中的物体进行准确的模拟,是因为人类本身就会对物体细节进行基本的视觉处理。在现实世界中,人类会对物体的大小有一个初步的认知,包括自然地形要素(如树木),以及人文地物(如公路和房屋)。由于人感知物体的大小随距离的变化而变化,因此,飞行员会将感知物体大小的差异认为是深度或距离的变化(这是有可能的,因为物体的大小通常是不变的,其尺寸的变化只能是由于物体与飞行员之间的距离发生了变化)。物体的大小与距离之间的关系在飞行员判断离地高度、与另一架飞机的距离、海拔的变化率及许多其他发生在近地或靠近其他空中物体时的飞行任务中是一种强有力的视觉线索。

飞行员的其他视觉处理过程也需要物体细节信息。其中包括对物体的检测、识别和分类等。物体检测取决于视网膜(或感知)大小、物体与背景的相对对比度,以及物体在飞行员视野中的位置。飞行员当获得足够多的物体细节信息可以对物体进行某种分类判断时,就可以识别物体。这个过程通常取决于飞行员感知物体关键分类特征的能力。例如,要将一个空中物体归类为飞机,那么就需要确定该物体的形状和大小是否与已知的飞机类型相符。进一步的分类过程可能包括确定飞机的展弦比,即另一架飞机的航线相对于自己的飞机航线的方向。这些物体检测、识别和分类的过程对完成飞行任务(如空中防撞),以及在军用飞机作战中的空战机动都是至关重要的。此外,目标检测和识别也适用于地面目标。例如,地面目标识别是领航过程中的一个重要工具,航线的规划主要取决于对关键地面物体的识别,包括道路、湖泊、河流、建筑物和其他地貌特征等,这些地面物体和地貌特征可与地图和海图结合使用,从而判定机场的关键航路点和可视进近点,并确定受控空域的位置。

---

① 1 ft 约为 0.304 8 m。

从以上对飞行任务的描述中可以明显看出,在视景中准确地呈现物体细节信息对飞行模拟器的效用有重大影响。飞行模拟器视景图像中物体的扭曲或关键图像细节的缺失不仅会限制飞行模拟器的效用,更重要的是可能会改变飞行员学习关键飞行技能的方式。

1.3　深度和距离的单目线索

在飞行模拟器视景中,所有物体都显示在一个二维曲面上。因此,飞行模拟器中的视景模拟无法像现实中的三维图像那样提供双目距离信息。这些距离信息是双目视差效应的产物,即人在观察物体时,两只眼睛看到的图像会略有差异。然而,视差效应通常在 2 m 范围内是显著的。除了极个别特殊情况,飞机在空中或地面都不会如此接近其他物体。因此,飞行模拟器中的视景模拟通常只提供深度和距离的单目线索。

1.3.1　线性透视

线性透视是最重要的单目距离线索之一。简单地说,线性透视是由平行线的视觉合并或收敛产生的,因为平行线上的点都可以被看作是从观察者处向无限远方退去的。机场跑道和滑行道就是最直接的例子。当添加第三个维度(高度)时,物体的线性透视会形成更强大的视觉线索,特别是在进近和着陆阶段,深度和距离信息会随飞机进近角和与跑道距离的变化而变化,跑道最后进近时的计算机生成图像(computer generated imagery,CGI)如图 1.2 所示。

(图片由 Adacel 公司提供)

图 1.2　跑道最后进近时的计算机生成图像(computer generated imagery,CGI)

在飞行模拟器视景中,由于各种原因(包括显示器分辨率差或垂直显示视野不足),可能会出现跑道物体渲染不当的情况。在分辨率较差的显示器中,显示混叠会将伪影引入视景,例如缩短跑道的起飞端,会使跑道边缘看起来在远处汇合。缺乏垂直显示视野也会切断长跑道的末端,从而无法提供真实视景中出现的跑道物体形状。

1.3.2　空中透视

通常,飞行模拟器图像显示器在水平和垂直方向上可以涵盖的视觉范围很广。在现实世界中,水颗粒、烟雾和其他大气污染物等会极大地改变飞行员的实际视野。这些因素共同创造了一种视觉效果,称为空中透视。与线性透视一样,空中透视为飞行员通过视景获取自身与参考物体之间的距离和深度信息提供了强有力的线索。这是因为大气颗粒会散射和漫射物体发射或反射光。光的散射和扩散随着观察者与物体之间距离的增加而增加,物体的颜色(色调)也会变得越来越不饱和或"褪色"。

虽然空中透视信息往往与可视物体的距离相关,但光源的位置和强度会极大地改变这种效果。CGI 显示系统中的空中透视图如图 1.3 所示。需要注意的是,在图像中,空中透视效果会随着距离的增加而增加,并最终使可见的地平线变得模糊。

(图片由 Adacel 公司提供)

图 1.3　CGI 显示系统中的空中透视图

1.3.3　纹理和纹理梯度

在实际生活中,飞行员还可以获得其他关于深度和距离的单目线索。其中最有效的是图像纹理，更准确地说，是纹理梯度。纹理梯度只是纹理元素密度的变化，可以看作是与观察者之间距离的函数。当纹理密度作为距离的直接函数而增加时，可以为飞行员提供深度和距离信息。因此，在视野前景中，具有纹理梯度的远处物体总是被认为比具有更少或没有纹理梯度的相同大小的物体更远。纹理梯度也经常用来判断地形相对倾斜或坡度。

通常，平坦的地表（如森林区域）将显示出典型的纹理梯度特征，即地表物体与观察者的距离。随着地形坡度的变化，地表物体的纹理梯度也会发生变化。

纹理梯度的最大效用体现在飞行员着陆拉平阶段。在这期间，飞行员要准确判断飞机的离地高度和下沉速度。这也是飞行员最难掌握的技能之一，如果不在飞行模拟器或飞机上及时巩固和更新，这一技能可能会迅速退化。因此，在现实视景中，提供跑道表面的纹理对于着陆拉平训练是至关重要的。

在飞行模拟器中，缺乏机场跑道纹理会导致飞行员补偿性技能的发展。这项技能是在飞行模拟器中建立起来的，可以被看作是克服飞行模拟器局限性或不当设计的一种手段。虽然这类技能大多是无害的，但其中的一小部分技能可能会无意中给飞行操作带来安全问题。Mulder、Pleisant、van Vaart 和 van Wieringen（2000 年）在一项研究中，对比了在飞行模拟器中有跑道纹理和无跑道纹理情况下，着陆拉平阶段中受训飞行员的表现。处于无跑道纹理条件下的受训飞行员通过跑道边缘标记来判断离地高度，反之使用跑道纹理作为拉平线索。结果表明，对于处于无纹理条件下的受训飞行员，只有在所有跑道宽度都相同的情况下，利用跑道边缘之间的距离控制飞机着陆拉平才是有效的。

由于跑道宽度在现实中差异很大，受训飞行员在无纹理条件下训练获得的技能在现实操作中通常会起到反作用，即受训飞行员可能会过早或过晚启动着陆拉平。在这种情况下，由于飞行模拟器视景中没有跑道纹理，这就需要受训飞行员发展一种补偿性技能，并且该技能可能会对飞机安全产生不利影响。

1.4   其他关于深度和距离的单目线索

飞行员还可以通过许多其他方式获得关于深度和距离的单目线索。如物体重叠或遮挡，即离飞行员较近的物体与较远的物体的某一部分相互重叠时，飞行员会认为被重叠物比重叠物更远。物体遮挡在地面操作中出现的频率更高,因为这时飞行员的视野内可能有更多的物体会出现相互遮挡的情况,从而为模拟的视景提供更强烈的深度感。这一现象对空中作战也有影响,当飞越高密度的城市、森林和山脉时,经常会发生多个物体的连续重叠情况。

深度运动也可以作为重要的距离和深度线索,运动视差是单目深度线索之一。当视景中的物体与观察者视线(observer line of sight,LOS_{obs})之间的距离不同时,物体的移动会随着观察者在场景中的移动发生相对变化。产生这种效果的原因是物体的角运动随距离变化存在相对差异。视景中的运动视差如图 1.4所示。图 1.4 说明:当飞机向前飞行时,飞行员正在观看飞机右侧的场景。视景中物体的速度随它们相对于 LOS_{obs} 的位置而变化,如箭头长度所示。LOS_{obs}上方的物体与飞机运动的方向相同,与视线下方物体的运动方向相反。

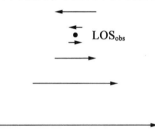

图 1.4　视景中的运动视差

在低空飞行和地面操作中,运动视差对飞行员获取距离信息发挥着重要作用,其原理是视野内不同距离处的物体之间存在相对运动,因此视景中的物体越多,越有可能提供深度或距离信息。在没有其他单目深度或距离信息(如纹理)的情况下,运动视差的作用会更加明显。

运动流模式可以与视景中的其他线索相互作用,从而在场景中创造一种深度和距离感,并且视景中物体的运动所创建的光流模式可以以各种形式出现。图 1.5 所示的是 LOS_{obs} 和飞机航向位于视界中心时产生的光流模式。在这种情况下,物体以不同角度从 LOS_{obs} 辐射的光流模式通过。光流的特定模式和速度都为飞机的视觉操纵提供了重要的线索。这种流动模式取决于视景中物体的密度和位置。在模拟飞机地面操作、起飞、目视进近和着陆,以及低空机动的视景时,光流模式尤为重要。

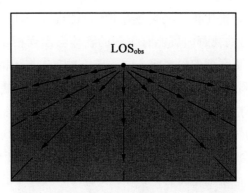

图 1.5　LOS$_{obs}$ 和飞机航向位于视界中心时产生的光流模式

1.5　视景仿真技术

1.5.1　人类视觉系统的局限性

在具体讨论视景仿真技术之前,首先要关注飞行员视觉系统的一些局限性。随着仿真技术的飞速发展,飞行模拟器设计者需要注意到,过于复杂、成本高昂和超出人类视觉系统承受能力的设计显然是要避免的。出于这个原因,这里简要描述了人类视觉系统的一些局限性。

飞行员在弱光条件下的视力损失对飞行模拟器显示器的设计影响较大,因为与白天飞机座舱中的环境光相比,大多数封闭式飞行模拟器中的环境光相对较弱。飞行模拟器中的所有光源(包括视觉显示器)提供的环境光通常比飞机在日光条件下可用的环境光少得多,甚至可能比在正常办公室环境中预期的还要少。事实上,在封闭式飞行模拟器中,即使使用全照明模式,总的环境照明大多数只有 50~100 lx[①]。这是因为仪表显示器发出的光相对较少,并且当前常用的视景显示器输出的亮度较低。

由于人类要达到最佳视觉效果需要较高的环境光水平,因此无论视景细节多么丰富、显示器分辨率多么高,其带来的价值都可能由于飞行员在弱光水平下的不良操作而丢失。为避免这一问题的出现,在模拟日间视景时,至少应提

①　相比之下,飞机驾驶舱在白天操作时的环境照明可能为 1 000 lx 或更高。

供 300 cd/m^2 以上的亮度。这样才可确保为飞行员提供正常的环境光水平。

由于飞行模拟器的预期用途不同,因此飞行模拟器图像显示系统的总 FOV 区别很大。然而,人类的视觉系统具有固定的 FOV 大小,它是由两只眼睛在水平和垂直方向上共同产生的。飞行员视野的瞬时 FOV 约为水平 180°、垂直 130°,其中近 140° 的水平视场(horizontal field of view,FOV$_H$)由两只眼睛共享。

人类双眼的垂直视场(vertical field of view,FOV$_V$)由眼睛上方的眼骨结构和眼睛下方的颧骨结构共同确定。这就导致飞行员 FOV 的下半部分比上半部分可用的 FOV$_H$ 大得多。相比之下,FOV$_H$ 的范围更加宽泛,因为它不会受到颞区的限制。然而,鼻骨结构会对鼻周部分的视野造成一定的影响,相比之下,颞区不会产生此类限制,其广阔的 FOV$_H$ 使飞行员可以观察到光流场和远处视觉外围的单个物体运动。

不同条件下,眼睛在整个 FOV 上的分辨能力是不同的。日光条件下,大约 80% 的分辨力位于眼睛中心 10° 以内,并迅速向视觉外围减弱。视敏度①达到最大分辨力 1′ 的情况仅存在于眼睛中心 1°~2° 范围内的区域。偏心率为 2°~10° 时,视敏度下降大约 5′;偏心率为 10°~20° 时,视敏度下降到大约 10′。因此,在飞行员的 FOV 中,距离眼睛中心超过 10° 的区域就很难检测和识别物体,尽管该区域对视景中的运动仍很敏感。由于常态下 1′ 的分辨率仅出现在距眼睛中心 1°~2° 的范围内,因此在飞行模拟器视觉显示器上,以该分辨率显示的大部分内容只有在飞行员直接观察时才有价值。

人类视觉系统在 FOV 和分辨能力方面的许多限制都是通过飞行员的眼睛和头部运动来克服的。这就使飞行员的 FOV 可以得到大幅扩展,同时飞行员也可以利用眼睛的高敏锐度中心区域观察感兴趣的物体细节。然而,在一些任务中(如着陆和起飞),飞行员的头部和眼睛运动将受到更多限制,因为这些任务通常需要眼睛和头部的位置保持相对恒定。

在随后对视景仿真技术的描述中,我们应牢记飞行员自身视觉系统的局限性。随着技术的进步,视景生成和显示的能力也在提高,未来很有可能是飞行员的视觉系统对显示内容造成了限制,而不是技术。

---

①　视敏度在临床学中又称视力,是指人眼辨别物体微细结构的最大能力,也就是眼分辨两点空间最小距离的能力。视力的好坏一般以视角大小(单位为弧分)为判断指标。视敏度为 1.00 表示在标准距离上看清线宽为 1′ 的字母或符号的能力。

1.5.2　图像生成

在现代数字仿真技术中,CGI 场景架构从几个基本组件开始。第一个组件是视觉游戏区,或者简称为"游戏区",它是由已知大小的预定义地形段组成,例如 25 nm×25 nm 或 100 nm×100 nm。游戏区的大小由图像生成系统在给定时间内能够显示的细节量确定。这在很大程度上取决于飞行模拟器计算机系统的处理能力和存储能力。在地形复杂度已知的情况下,更强大的系统能够处理的游戏区范围也更大。这样带来的好处就是它们可以在模拟地形或空域内尽可能地实现图像的平滑和完整。对于小型游戏区,成像系统需要反复加载和卸载图像到存储器中,这可能会导致图像显示不稳定或场景组件的暂时丢失和闪现。随着近年来飞行模拟器计算能力的提高,游戏区的大小和复杂性也相应增加。许多早期系统无法解决的游戏区图像显示问题,目前在大多数情况下已被解决。在现代系统中,游戏区的设计更多是取决于给定模拟场景实际需要显示的内容,而不是受飞行模拟器计算能力的限制。尽管如此,在实际生成的游戏区的过程中,仍然要对飞行模拟器的计算处理能力、成本及效用进行权衡,以达到最优的真实性和实用性。为了解决上述问题,视景仿真设计者需要了解飞行员在飞行任务中是如何使用视觉信息的,以及人类视觉信息处理存在的局限性。

1.5.3　在 CGI 中渲染对象

在现代 CGI 系统中,物体的三维渲染是通过计算和绘制多边形来完成的,多边形的顶点是可单独寻址的图像元素或像素。通常,场景复杂度定义为单次最多可以显示的多边形数。多边形的数量越多,飞行模拟器准确渲染视景所需的计算能力就越大。因此,图像生成系统通常根据给定视景中可以绘制的多边形数量进行分级。在模拟视景中,每帧需绘制的多边形数取决于需要在游戏区内看到的对象的数量,以及这些对象关键特征的复杂程度。

CGI 系统的更新速率很大程度上取决于显示图像或每帧需要更新的最小次数,目的是向飞行员提供所显示物体的运动假象。

最小更新速率可由 Padmos 和 Milders(1992)导出的以下公式来计算:

$$U = A/15$$

式中　U——最小更新频率,帧/秒(f/s);

A——物体角速度[(′)/s]。

物体角速度除以 15,即每帧所需的位移(以弧分为单位)用于提供连续运动的假象。对于给定的显示系统,更新速率通常设置为产生平滑的物体运动假象所需的速率。飞行模拟器的典型更新速率为 30 f/s,但实际速率取决于物体运动的视景模拟要求。在某些应用中,可能需要的更新速率会更高。例如,有研究表明,高速、低空飞行可能需要高达 60 f/s 的更新速率(Zindholm、Askins 和 Sisson,1996 年)。无论图像生成系统多么强大,提供平滑的物体运动假象所需的高更新率也会消耗其计算能力。例如,在低空、高速飞行训练中,所需的 1 000 px× 1 000 px 的单个显示系统每秒要对 100 万像素更新 60 次,这意味着在视景仿真中共有 6 000 万 px/s 的更新。

不过,好在飞行员并不是时时刻刻都需要生成完整的物体细节,从而节省了一些图像生成资源。人眼本身无法分辨远处的小物体或物体细节,因此对观察者来说,忽略掉一些场景细节是在所难免的。综上考虑,图像生成系统并不需要连续绘制每个物体的每个元素。物体离得越近,生成的细节就越复杂,反之就越粗糙。如果处理得当,只有在确实需要物体细节时才能看到它们,并且这些细节出现和消失的过渡将是平滑的,不会分散飞行员过多的注意力。然而,在给定距离处应该生成哪些物体细节是需要慎重考虑的,其判断标准应该基于人眼在相应距离处是否可以看到这些细节,图像显示系统是否具有相应的分辨率,以及这些细节是否满足特定的训练或研究需求。

1.5.4 物体动画

计算机的发展也催生了 CGI 物体动画。这意味着单个对象(如飞机和地面车辆)不仅可以填充视景,还可以根据预编程脚本独立自动移动。经视景事件或人工触发,这些自主和半自主对象可以在视景中以预定方式移动。同时,单个对象的程序可以与其他自主对象或视景的其他元素自动协调。例如,机场在飞机滑行、起飞、进近和着陆的不同阶段,空中和地面的飞机交通情况也是不同的。所有的对象可以通过模拟真实操作的方式进行动画处理,并且无须飞行模拟器用户的直接控制,飞机也可以与模拟空中交通管制(air traffic control,ATC)通信进行协调,从而使模拟 ATC 指令与模拟视景中的飞机操作产生正确的对应关系。

1.5.5　在显示器中生成纹理

在早期开发飞行模拟器视景显示的过程中,由于模拟视景中可以提供的细节极其有限,纹理几乎是不可能显示出来的,这就导致视景显示更加"卡通化"。更重要的是,飞行员必须通过其他的视觉线索来判断高度,或通过补偿性技能来弥补视觉信息的不足。在现实生活中,纹理渐变可能由几千到几百万个元素组成。对于早期 CGI 系统来说,生成跑道这样的大纹理表面根本是不可能的。

解决这个问题的方法是重新思考纹理渐变,把它当作不同强度的光随机组成的图案,而不是像现实世界中将其作为单个元素的集合。这样一来,与其将纹理表面的单个元素作为生成对象,不如通过数学算法来描述给定表面上的光图案。这种纹理填充算法还可以使 CGI 显示器中物体的表面填充(如跑道)随着所显示表面的坡度或倾斜度的变化而变化。纹理填充或纹理平铺在现代飞行模拟器视觉显示中极为普遍,它现在无须绘制大量的单个对象就可以模仿真实文本渐变的视觉特征。CGI 显示器中的跑道纹理示例如图 1.6 所示。

(图片由 Adacel 公司提供)

图 1.6　CGI 显示器中的跑道纹理示例

作为表面填充方式,纹理平铺不包含单独渲染的三维对象。因此,如果用纹理来模拟草木丛生的山丘,那么任何纹理元素都无法完全表达这些三维对象的现实特征,因为这些对象在不同视角下呈现出的效果是不同的,所以使用单个纹理元素作为高度和距离判断线索①的效果不如它们在现实视景中的效果好。纹理填充虽然可以有效提高视景逼真度,但在飞行员进行低空飞行训练或评估时也要特别关注其局限性。

与纹理问题相关的是图像的填充,为了降低模拟真实场景的开发成本,现在提出了利用不同类别的纹理来自动填充大面积的模拟视景。例如,有用于森林、沙漠和城市场景的纹理位图,以及用于跑道表面、滑行道和机场停机坪区域的纹理位图。这些位图可以根据季节的变化进行修改。同时,为了进一步提高填充超大场景的真实感,现在飞行模拟器的视景中使用了航空照片和卫星图像。这种根据实际照片进行视景填充的技术称为照片写实技术,其特点是飞行模拟器中给定高度处的视景效果取决于原始照片的分辨率。例如,分辨率为5 m/px 的卫星图像在飞行模拟器中几千英尺或更高处看起来是真实的,但在相对较低的高度下将变得模糊或"像素化"。在极低高度使用照片图像作为表面填充可能需要达到每像素亚米级的图片分辨率,从而保证模拟的视景效果足够真实。

1.5.6　显示对比度和亮度

计算视觉显示器的最大亮度(L_{max})和最小亮度(L_{min})是为了确定飞行员可获得的最大目标对比度。目标对比度对于飞行员进行目标检测和识别至关重要,因此需要准确模拟。通常,L_{max} 是显示器的最大亮度值,由显示器测试图案的白色元素确定。L_{min} 是显示器的最小亮度,通常由测试图案的黑色元素确定。

目标与其背景的对比度是相对于其直接背景计算的,并不是显示器中可用的最小亮度。因此,目标对比度是相对于其直接背景的增量。其计算公式为

$$C_{obj} = \frac{L\Delta}{L_{bg}}$$

式中　$L\Delta$——目标亮度与直接背景亮度之间的差异;

　　　L_{bg}——目标直接背景的亮度。

比背景亮的目标具有正对比度,或称之为正目标极性,反之,亮度低于其背景的目标具有负目标极性。检测小目标需要更高的目标极性,因此飞行模拟器显示器的分辨率越高,涵盖的对比度区间就越广。此外,人眼的灵敏度可以看

---

① "线索"一词在这里用来描述对飞行员有特定意义的刺激。"刺激"一词用于描述对飞行员没有特定意义的感官输入。

作是可用环境光的对数函数,因此飞行模拟器内的环境光必须足够高,才能确保飞行员具有足够的对比敏感度去看清小物体或物体细节。但这样也会有弊端,当模拟日间视景时,环境光水平较低的飞行模拟器可能会极大地抵消掉高分辨率图像显示的优势。

由于弱光环境会影响飞行员对颜色的感知,因此显示亮度过低也可能降低飞行员在视觉显示器中正确判断颜色的能力。为了确保飞行员的对比敏感度和颜色敏感度在日间视景模拟中不会受损,飞行模拟器需要具备较高水平的环境光。又由于飞行模拟器中大部分可用光来自视觉显示系统,因此对视觉系统的亮度提出了更高要求。正如前面所说,建议模拟器视觉显示器的亮度水平(最大亮度)至少为 300 cd/m²,以确保飞行模拟器在显示器设计视点处有足够的亮度。

1.5.7　显示分辨率

图像分辨率是飞行模拟器视景显示的重要组成部分。场景生成系统也许可以提供飞行员需要的所有信息,但如果没有足够的显示分辨率,生成的信息是没有价值的。CGI 显示分辨率通常根据可寻址分辨率来衡量。可寻址分辨率是指对于给定的视觉通道计算机可独立寻址的像素数。空间分辨率是衡量显示分辨率的一个重要的指标,其定义是显示器在给定线性尺度下的像素数。例如,具有 1 024(H)×768(V)像素且可视水平为 100 cm 的显示器,其空间分辨率为 10.24 px/cm。图像显示系统的空间分辨率通常用数字来描述,这样可以更准确地传达系统可实际显示的细节量,因此在指定显示器的图像分辨率时,应使用空间分辨率而不是可寻址分辨率。

在实际中,为了更好地衡量飞行员实际能看到的图像细节数,还引入了第三个显示分辨率指标,即有效显示分辨率,或简称为有效分辨率,其定义是在显示器设计视点处测得的分辨率。对于任何显示器来说,该视点与显示器表面之间的距离是已知的,并且是计算所有显示生成几何图形的设计点。为了使对象在模拟视距处以正确的大小显示出来,必须将显示面上的对象尺寸与显示器和设计视点之间的距离相结合,以便用现实视景中相同的视角查看显示对象。

显示器的有效分辨率由飞行员视点处单个显示像素所对应的视角决定。例如,如果显示器的单个像素在显示器表面的直径为 0.1 cm,飞行员的视点距离显示器表面 1 m,则有效分辨率计算如下:

$$R_e = 57.3H/D$$

式中 R_e——有效分辨率(视角以度为单位);

  H——像素直径或像素高度(宽度);

  D——显示像素与设计视点之间的距离。

在本例中,显示器的有效分辨率为 0.057°或 3.42′/px。之所以要定义有效分辨率测量方法,是因为飞行模拟器中存在许多不同的场景显示方法,其在设计视点不同距离处可能呈现相同的空间分辨率。在所有显示分辨率的指标中,有效分辨率是最重要的,它决定了飞行员在飞行模拟器显示图像中实际能够看到的细节水平。

1.5.8 确定显示器分辨率要求

一味地要求所有飞行模拟器显示器的有效分辨率设置为前文提到的标称 1′可能是一个不错的权宜之计。然而,在设置显示系统的有效分辨率时,成本是一个重要的影响因素,特别是当系统需要覆盖非常大的有效 FOV 时。如果以人眼最大视觉分辨率(1′)为标准设置有效分辨率,虽然可以简化需求规范,但成本可能过高。好在许多应用场景中可能并不需要这么高的显示分辨率。使有效分辨率等效为人眼最大分辨力的另一种设置方法是在满足特定训练或研究目标的前提下确定飞行员需要看到的物体或物体细节。只要将物体或物体细节的横截面和需要看到的范围结合起来,就可以确定该显示系统的最大有效分辨率。

例如,如果飞行员在进行防撞演练时,即需要在足够远的距离检测和避开小型飞行飞机,那么他们就需要对飞机的方位角进行检测和识别。当飞机横截面最小,也就是飞机迎面飞来时,检测是最困难的。对于民用航空来说,小型飞机的防撞可能是最重要的。假设小型飞机机身正面的横截面直径仅在 140 cm 左右,并且希望飞行员在 2 n mile 的范围内检测到它,那么显示系统需要 1.43′/px 的有效分辨率,该分辨率比识别飞机方位角所需的分辨率要高,因此它代表了该特定显示系统所需的最大分辨率。

通过这种方法定义的显示系统的最大分辨率可以远小于 1′/px 的标称值,同时它仍可为当前的培训或研究提供必要的有效分辨率。由于系统的最大有效分辨率通常只有一个值(第 9 章的特殊情况除外),所以需要对飞行模拟器的最终使用要求进行仔细分析,以确保足够的分辨率。

1.5.9 显示颜色

颜色感知在飞行操作中发挥的作用是有局限的,不如其他已经讨论过的因素重要。除了与自然场景相关的个别颜色外,需要飞行员更多关注的是飞行操作中的一些特定颜色。合格的飞行员需要具备辨别一组特定颜色的能力,即所谓的航空颜色,如"航空红""航空蓝"和"航空绿"等,这些颜色对飞行安全非常重要,其具体特征由美国联邦航空管理局(Federal Aviation Administration, FAA)或国际民用航空组织(International Civil Aviation Organization, ICAO)等监管机构指定。这些颜色用于飞机和机场照明中,并在航空界都是统一的。红色用于飞机上的导航灯、目视进近灯和跑道灯,绿色被用于飞机导航照明和塔台信标,而蓝色用于滑行道边缘照明。跑道和滑行道的交叉口采用黄色灯。这些特定颜色必须在显示系统中准确地呈现出来,因为这些颜色传递的信息对模拟安全、关键的场景组件至关重要。

在图像显示或现实世界中,一般观察者所描述的"颜色"实际上是色调或主波长、亮度或明度及饱和度的组合。首先是色调,它是用来定义颜色的,即显示对象可见光的主要波长。例如,"蓝色"可以代表一个主波长约为 650 nm 的对象的颜色。物体发出或反射的光的主波长必须是 400~700 nm,该波长范围才是人眼可见的。低于此范围(红外线)或高于此范围(紫外线)的波长都是不可见的,而且人眼只有在日光条件下才能准确感知颜色。

在 CGI 系统中,不同的颜色通过分配给显示器每个像素的位来显示,系统调色板受系统字节深度的限制。例如,具有 8 位字节深度的系统可以显示 256 种颜色,而 24 位系统可以显示超过 1 600 万种颜色。相比实际显示的颜色数,能够准确渲染这些颜色更为重要。显色精度不仅与系统调色板的大小有关,而且与显示系统组件,特别是图像显示系统有关。显示器准确地显色对于机场和飞机照明非常重要,因为这些照明系统的颜色必须符合监管部门对现实操作中色彩准确性的法规要求。例如,显示系统需要呈现的"航空红"必须符合监管机构为该颜色建立的特定波长。仅仅依赖色彩监视器软件系统提供的调色板不足以满足对色彩的精度要求,因为图像显示系统可能会大大改变实际显示给飞行员的颜色,所以还需要用彩色光谱仪对实际呈现的颜色进行验证。

1.6　图像显示系统

在图像生成过程中,无论是创建图像的对象、纹理还是其他元素,最终都是由图像显示系统将模拟的视景呈现给飞行员。飞行模拟器中,有 3 种常见的图像显示系统:投影、直视和直视/准直(以下简称投影系统、直视系统、直视/准直系统),这些系统在成本、维护和图像质量方面各有优缺点。

投影系统,顾名思义,就是将生成的图像直接投射到屏幕的后面或前面。背投式投影会显著降低图像的分辨率和显示亮度,而前投式投影会影响可用的对比度。在某些情况下,投影系统可能会用到反射镜,用于反射屏幕上的图像,但这些反射镜可能会给显示图像造成不同程度的光学失真,尤其是圆顶投影系统,其将图像投影到一个非常大的曲面上时,极易出现图像失真。投影系统的广泛使用是因为它可以在非常宽阔的区域上进行图像显示,具有如此大 FOV 的显示系统要么很难实现,要么其他形式的显示技术成本过高。例如,可寻址分辨率为 1 280 px×1 024 px 的投影图像可以在长宽达到几米的屏幕上展开。然而,在不增加基本的可寻址分辨率的情况下,将图像投影到这么宽泛的区域意味着其空间分辨率将显著降低。这种低空间分辨率在转化为有效分辨率时,通常是远低于预期值的,如果可以接受这一点,那么投影系统是满足大 FOV 设计要求的一种非常经济高效的解决方案。

投影系统的另一个潜在缺点是所显示图像的亮度往往比其他显示系统的亮度低得多,这是因为投影光源会受到投影灯光量的限制。这种有限的光分布在非常大的区域上就会使显示器的平均亮度下降,有时甚至是急剧下降。此外,屏幕的反射率或半透明值及其他特性可能会进一步降低显示器的亮度值。虽然投影系统通常应用于固定基座的飞行模拟器,但其不适用于配备运动平台的飞行模拟器,其特有的大显示面通常需要固定在设备地板上,并与飞行模拟器驾驶室分离。

在许多飞行模拟器中,通常用直视系统代替投影系统。直视系统利用阴极射线管(cathode ray tube,CRT)或其他形式的电子显示系统,例如液晶显示器(liquid crystal display,LCD)或气体等离子体显示器,为飞行员提供模拟视景。直视系统的主要优点是简单,因为它不需要复杂的投影、分束器或其他系统来显示 CGI 图像,且直视系统一般是直接安装在飞行模拟器上的,所以无须担心运动平台的问题。此外,直视系统比投影系统的亮度高得多,可以轻松达到本书建议的 300 cd/m² 的亮度水平。在可寻址分辨率相同的条件下,直视系统比投影系统更容易获得较高的空间和有效分辨率。直视系统的缺点在于,为了满足与投影系统相同的 FOV 要求,可能需要大量单个直视显示器的组合,尤其是需要大 FOV 显示器时,这类系统的成本和复杂性会显著增加。

此外,直视系统还有一个非常明显的缺点,即当直视显示器的视距与设计视点之间小于 1 m 时,直视显示器可能会大大影响飞行员对模拟场景中物体距离的感知。因为在如此近距离地观看直视显示器时,飞行员的眼睛会自动调节(聚焦)在显示距离处的物体上,而忽略了物体在真实世界中的实际观察距离。视轴辐合[①]的情况也是如此,辐合的效果将比在现实中以相同距离观察物体的效果更好,因为此时视线会辐合在显示器中的物体上,而不是辐合在计划的、模拟距离处的物体。飞行模拟器显示器的设计是非常重要的,Pierce 和 Geri(1998年)在近期研究中发现,在距离小于 1 m 的直视系统上显示的物体看起来比在正确光学距离处显示的物体小 15% ~ 30%,这种尺寸的低估可能导致飞行员对显示的物体距离产生误判,如跑道宽度和长度,以及对空中或地面物体的感知距离。

对于直视系统中的调节-会聚问题,一个显而易见的解决方案是将直视显示器放置在飞行模拟器上距离飞行员的视点至少 1 m 或更远的地方。然而,增加显示器到飞行员视点的距离会降低显示器的有效 FOV,必须通过增加尺寸或额外的显示器进行补偿。幸运的是,有一种更经济的选择,即在显示器和飞行员之间放置准直透镜,这样就可以在光学无穷远处渲染所显示的图像,该过程称为准直,带分束器的直视/准直系统如图 1.7 所示。

---

① 视轴辐合,也叫作双眼会聚,即看远物时,两眼视线近似于平行,看近物时,两眼视线会向正中聚合以对准物体。眼睛肌肉在控制视线辐合时所产生的动觉,会给大脑提供物体远近的线索,所以视轴辐合是感知深度和距离的双目线索之一。然而,辐合作用所提供的距离线索通常仅限在几十米的范围内,物体太远时视线会趋于平行,已不能提供有效的辐合信息。

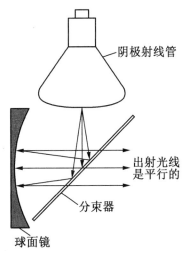

阴极射线管

出射光线
是平行的

分束器

球面镜

（图片由 NASA 提供）

图 1.7　带分束器的直视/准直系统

直视/准直系统,或简称为准直显示器,是通过将显示的图像聚焦在光学无限远的位置来消除直视显示器的调节-会聚问题。飞行员的眼睛会聚焦在调节或会聚影响范围之外,从而降低有效 FOV 变小带来的不利影响。直视/准直系统还提供额外的功能,即许多飞行员将在显示图像时体验到更大的表观深度或距离感,而这一功能直视系统并不能提供。大多数先进的飞行模拟器现在使用的都是某种形式的直视/准直系统。

然而,直视/准直系统也存在一些缺点,例如,准直透镜的引入通常会削弱显示器的亮度,在设计过程中,要将这种影响纳入飞行模拟器规范中予以考虑。此外,直视/准直系统的另一个缺点是它需要更多的容纳空间,这是因为它需要在准直透镜和显示器之间留出一定距离,以产生正确聚焦的图像。

为了弥补直视/准直系统的不足,现在通常采用的是更紧凑的图像显示设计方式,图 1.7 中分束器的应用也是飞行员为了达到这个目的。应用分束器通常是飞行员需要获取不同视图通道的信息时,如飞行员通过驾驶舱侧窗看到的单独视图中,分束器用于改变监视器显示图像的方向,从而保证显示出的驾驶舱顶棚或挡风玻璃特定区域的图像是正确的。

典型的驾驶舱视觉显示系统将几个直视/准直系统并列配置在一起,从而显示系统能够覆盖飞行员的正面,以及近处和远处的视觉边缘。组合多个视图通道时,需要对相邻图像显示进行高度准确的合并和串联,从而避免引入让人分散注意力的图像伪影,这无疑增加了成像软件和显示硬件的复杂性。尽管直视/准直系统有很多优点，但在大型多通道显示系统中，考虑其成本和复杂性，很多人最终往往会选择用投影系统代替直视/准直系统。

1.6.1　图像显示中的视点设计

开发任何图像显示系统的起点都是设计视点（以下简称为视点）。视点是图像显示系统开发的参考点，也是有效 FOV 计算的起点。视点、视野和观察者视线如图 1.8 所示。由于双目立体显示系统在飞行模拟器中很少使用，因此每个显示系统通常只有一个视点。该视点由飞行员的身体中线计算而来，所以与飞行员的左眼或右眼看到的图像相比，显示图像的几何形状会有非常微小的差异。对于那些使用飞行模拟器进行显示研究的人来说，这些差异应该纳入考虑范围，但对飞行模拟器训练来说几乎没有影响。

由于飞行员通常是坐在飞行模拟器中的，因此视点的高度应根据给定人群中坐姿眼高的人体测量数据来计算，同时应兼顾到男性和女性的不同情况。

视点与图像显示系统的距离就是显示面正面与飞行员眼睛的距离，由于飞行员身高的不同，这个距离会有所差异，因此飞行员需要前后或上下移动座椅，以便操作方向舵踏板和其他控制装置。

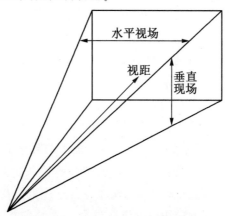

图 1.8　视点、视野和观察者视线

视点的计算还取决于所使用的显示系统的类型。投影系统通常使用的是从两个飞行员之间的某个点计算出的单个视点。直视和直视/准直系统可使用 2 个独立的视点，每个位置的飞行员各一个。这是由于直视/准直和分束透镜的使用限制了给定显示器的最佳可视区域，这种显示的"出瞳"意味着只有一个飞行员能够查看其位置的显示图像。例如，在飞行模拟器左侧驾驶舱窗口上显示的物体不会被右侧的飞行员看到，这种多视图设计确保每个飞行员看到的外部视景都是非常逼真的,但是每个飞行员只能在固定位置上看到。

1.6.2　显示 FOV

飞行模拟器视觉显示的 FOV 取决于实现飞行模拟器构建目的所需的视景显示总量,这可能会导致模拟 FOV 比飞机实际可用的 FOV 小得多。此外,显示 FOV 的可用部分可能会受到显示光学器件、飞行模拟器组件、驾驶舱结构和其他因素的影响。

因此,需要对每个飞行员在飞行模拟器视点处的显示 FOV 进行计算,视点处的可用 FOV 是飞行模拟器视觉显示的有效 FOV,代表飞行员实际可用的视景显示部分。

1.6.3　显示 FOV 的效果

通常,我们更希望有效 FOV 只受驾驶舱周围的遮挡物或障碍物的限制,而不是由显示系统本身限制。这是因为驾驶舱挡风玻璃和其他驾驶舱组件会以某种特定方式"框定"外部视景①,而这些视景信息对飞行员来说可能是非常有价值的。例如,飞机在最后进近跑道时,驾驶舱挡风玻璃的下边缘可用于提供一个参考点,帮助飞行员建立正确的滑行路径,只要保持挡风玻璃的下边缘和跑道进近端之间的间距恒定,就可以更容易地实现恒定的进近角。如果显示 FOV 仅受驾驶舱结构的限制,那么飞行员的这项技术可以轻松地转移到实装飞机上。这种视景框架在现代飞行模拟器的视觉显示系统中已经实现。B-747飞行模拟器视觉显示系统如图 1.9 所示。

(图片由 NASA 提供)

图 1.9　B-747 飞行模拟器视觉显示系统

---

① 　此处定义的视景是指飞行员在飞行操作中从驾驶舱窗口看到的场景。

　　在编队飞行中，飞行员也可以发现驾驶舱周围环境提供的信息与视景中外部物体之间的关系。在这种情况下，当两架飞机处于正确位置时，座舱盖组件和飞机组件可以对齐，形成正确的"视觉图像"，类似的现象也发生在空中加油过程中（Lee 和 Lidderdale，1983 年）。当飞行模拟器靠近空中或地面物体时，驾驶舱挡风玻璃和外部视景元素形成的视觉画面为飞行员提供了重要的视觉信息。

　　显然，有效 FOV 需要足够大，飞行员才能观察到某些物体，进而帮助某些飞行任务的训练、评估或调查。例如，如果飞行模拟器要完成进近和着陆任务，就需要在最后进近到某个合理的距离时显示跑道。同样，如果要进行真实的防撞或空战训练，则需要在显示 FOV 的各个区域显示其他飞机。当不需要附加 FOV 继续显示额外的视景时，飞行模拟器通常不需要更大的 FOV。事实上，正是由于这个原因，许多飞行模拟器图像显示系统的 FOV 才非常有限。例如，许多针对仪器培训的小型培训设备仅提供 $48°(H) \times 36°(V)$ 的单通道图像显示 FOV[①]，虽然 FOV 范围有限，但对于训练目标来说已经够用了。

　　如果训练目标是通过参考视景控制飞机，那么对 FOV（尤其是 FOV_H）的要求就会变得更加严格。当飞行控制主要依赖外部视景信息时，显示 FOV 的高度为飞机姿态控制提供了重要的信息，尤其是在俯仰轴和滚转轴上。在视觉显示系统中，充足的 FOV 是为了向飞行员提供足够多的信息，既要考虑 FOV_H，也要考虑 FOV_V。在正常的非特技飞行状态下，如果 FOV_V 显示与飞行模拟器挡风玻璃的 FOV_V 相同，那么来自视景可见地平线的俯仰轴信息就可以得到保证。

　　此外，还需要足够的 FOV_H 为飞行员提供其他 2 个重要方面的视觉信息。首先是对飞机横滚轴的控制。虽然大多数飞行模拟器的 FOV_H 是 $30 \sim 75°$，但最近对人造地平线的研究表明，这种有限的水平视场可能不足以呈现现实视界提供给飞行员的所有横滚信息（Comstock、Jones 和 Pope，2003 年）。在这项研究中，随着水平视场增加至 110°，飞行员的横滚控制效果得到了改善，这项研究的意义在于，如果飞行员要从飞行模拟器的视觉显示中获取完整可用的横滚信息，那么可能有效 FOV_H 至少要达到 110°[②]。

　　在飞行模拟器视觉显示中，广泛的 FOV_H 还增加了诱导自运动或平流的可

---

　　① 　这类图像显示 FOV 反映了传统 CRT 显示器的 4∶3 纵横比，这并非偶然，因为这就是常用的显示系统。

　　② 　请注意，这明显大于当前联邦航空管理局对全飞行模拟视觉显示系统要求的 75°水平视场。

能性。平流是暴露在移动的视野中产生的一种自我运动感，与横滚运动信息一样，最强的平流刺激是视景运动或视觉外围偏心率超过 60° 的光流（Brandt、Dichgans 和 Koenig，1973 年）。

此外，如果飞行模拟器中的 FOV_H 比较大，很可能会通过在飞行员的远视周边呈现视觉运动从而诱导自运动，这种自运动还与创建光学流场所需的场景纹理或物体细节有关。通常，这种情况发生在接近地面的地方，因此飞行模拟器中的自运动可能仅在起飞、着陆、滑行或极低空飞行操作期间产生。除了沿飞机纵轴（线性）的自运动外，还有可能产生圆周自运动。圆周自运动是一种虚幻的自我旋转运动，主要发生在飞机绕其纵轴滚动期间。对飞行模拟器的飞行员来说，自运动通常意味着飞机的运动，因此在这 2 种形式的自运动中，飞行员产生的自运动错觉可能是非常强烈的。可见，显示系统的 FOV_H 过宽也有可能给飞行模拟器的飞行员带来比较严重的问题（如模拟器病），而这些问题在真实飞行中通常不会发生（见第 8 章）。

1.7　小　　结

飞行模拟器中的视景模拟已经从投影在屏幕上的简单线图发展到复杂的照片级真实感图像。其图像生成和图像显示设计特性对飞行员的视觉效果具有重大影响，飞行员对图像生成和图像显示的要求由他们的视觉系统处理信息的能力及需要执行的任务共同决定。为训练和评估目视飞行任务而设计的飞行模拟器必须具有视景模拟能力，因此相比为其他目的设计的飞行模拟器而言，这样的飞行模拟器性能更高。同时，视景仿真技术的最新进展也为飞行模拟器的推广提供了有利条件。

第 2 章　声音和通信模拟

2.1　引　　言

　　视景仿真技术相比几年前有了很大的提高,并且飞行模拟器中对声音环境的模拟也取得了更为实质性的发展。事实上,由于飞行模拟器本身的规格问题,声音模拟经常被忽视。这在一定程度上是因为声音是座舱环境中一个非常微妙的存在,它的消失比它的存在更容易引起人们的注意。另外,声音和通信模拟都属于飞行环境模拟的范畴,相比于视景和运动模拟,人们通常认为它们对飞行模拟器逼真度的影响要小得多。基于以上原因,在飞行模拟器的设计中,仿真研究和开发工作往往集中在后者。尽管如此,声音和通信模拟在提高飞行模拟器环境的逼真度方面仍然发挥着重要作用,是值得关注的。

2.2　座舱环境中的声音

　　声音在座舱环境中发挥着复杂多样的作用。例如,声音可以向飞行员及时反馈发动机的运行状态,这对飞行安全来说是至关重要的。一方面,发动机噪声的振幅和频率可以作为判断其正常运行的依据,反之,异常的声音也意味着发动机可能出现了故障。其他一些声音可能来自于风、雨和冰雹撞击挡风玻璃或其他座舱结构,还可能与某些飞行器状态参数有关(如空速),这些声音能够从侧面反映飞机所遇天气的恶劣程度。

　　飞行员操纵飞机操纵面和起落架时,齿轮、电动机和其他机械中可能会发出独特的声音。在航速过高时,舵面和齿轮的延伸会导致飞行员在座舱内听到的风声发生显著变化,座舱内也会出现明显振动。此外,当飞机在跑道或滑行道表面上运行时,轮胎制动和打滑也会产生独特的声音。

声音还有其他的用途。比如,声音是一种非常有效的警报,相比于视觉刺激,它不需要飞行员做出定向反应就能发挥作用,这意味着飞行员在看到发动机仪表之前就可以通过感知发动机声音的变化来判断发动机的状态。除此之外,声音还能创造一种真实感。从这个意义上来说,声音既可以作为环境状态的确认性信息,也可以作为一种警报。也许正是由于声音的这种验证性质恰好又与飞行员的期望有关,所以声音是值得研究的。

2.2.1 航空电子设备

相比于座舱环境中的声音模拟,飞机警报和航空电子系统警告的声音模拟更为重要。为了确保飞行员能够学会识别其独特的声音信号,必须对报警系统进行准确的模拟,如失速和档位不安全产生的警告喇叭声,以及发动机火警警报声等。对于那些包含语音警报和提示信息的系统,如近地警告系统(ground proximity warning system,GPWS)、交通防撞系统(traffic collision and avoidance system,TCAS)等,也需要尽可能真实地模拟出来。一般来说,这样的系统包含语音提示功能,所以需要与座舱中可能出现的其他人类语音区分开来。尽可能准确地模拟这些语音是为了真实完整地再现相关系统的声音特征。当飞行员从飞行模拟器转移到实装飞机上时,二者的航空电子设备语音显示器之间应该没有明显差异。

对导航电子设备来说,导航信标信号的声音模拟同样是必要的。其中最重要的声音是与仪表着陆系统(instrument landing system,ILS)指点标相关的声音,及无线电导航信标发出的摩斯电码标识信号的声音。与模拟航空电子设备的声音一样,将这些导航信标信号的声音特征准确地模拟出来,特别是声音的频率和信号间的音程。

2.2.2 声音与人类听觉

虽然视景模拟在过去的 20 年里取得了巨大的发展,但数字革命对创建虚拟声音环境也产生了深远影响。声音的模拟和视景及全身运动模拟一样,需要了解声音对飞行员的影响,以及模拟声音要用到的技术。

在飞行模拟器中,声音通常是通过回放预先录制的声音文件产生的,这些文件以数字方式存储在系统内存中,当遇到需要声音模拟的事件时,就可以从系统中检索适当的文件，并通过飞行模拟器的扬声器系统进行播放。一般来说，这些声音文件是根据飞机座舱的真实录音创建的。除此之外，还可以对在其他渠道获取的声音文件进行组合，然后编辑创建成所需要的声音。在大多数情况下，只要触发相关事件（如风声或雨声），声音文件都是可以重复播放的。只有在少数情况下，声音才是对飞机操纵状态的直接响应。举例来说，发动机声音的振幅和频率的变化主要取决于飞机油门的状态。

人类处理声音的能力是有限的，人耳只能听到 20 Hz ~ 20 kHz 的声音。对于老年人，尤其是男性老年人，15 kHz 频率以上的声音可能就听不到了，这种听力损失情况并不少见。显然，在飞行模拟器中，模拟那些超出正常听觉范围的声音是没有意义的。例如，飞机运行时某些发动机声音或其他音效可能低于 20 Hz 以下的声音，不需要模拟。

人类对声音的判断也会受到声音频率和响度的影响。人耳若想听到频率较高的声音，往往意味着声音的强度（以分贝为单位）也要随之升高。对于那些包含高频分量（5 kHz 或更高）的声音，往往其强度要高于人类正常语音的强度，这可能会干扰飞行员之间或飞行员和教员之间语音的可听性。一般来说，正常语音的音量是 40~60 dB，频率是 500 Hz~5 kHz。在模拟声音时，设计者必须考虑在这些高频声音范围内是否存在干扰声音的可能性，从而证明其模拟是否合理。

人类非常擅长辨别声音的特征，即使是 2~5 Hz 的差异也能识别出来。这对于模拟声音频谱、再现警报和警告系统的听觉显示部件尤其重要。因此在飞行模拟器设计过程中，设计者要对这些效果或系统的声音特征进行准确的模拟。飞行员学习、识别这些声音特征并将该项能力运用到飞机上能有效地提高训练效果。

2.2.3 声音显示

声音显示需要与飞行员感知和辨别声音的能力相匹配。这意味着声音显示器或扬声器的振幅和频率响应要与飞行员感知振幅和频率的能力相匹配。此外，由于周围空间的声学特性，如果扬声器在模拟座舱内放置不当，很容易发生录音的播放失真。

循声定位是人类听觉的重要组成部分，人类的两只耳朵分别位于头部的两侧，利用声音到达两个耳朵的时间差就可以确定声源的位置，因此扬声器在飞行模拟器中的位置非常重要。例如，如果声音先到达右耳，那么声源就会被判定为在身体右侧。模拟声音的设计者需要了解人类听觉的这一特征,才能正确地处理飞行员对声音位置的感知。这一点对多发飞机尤为重要,特别是需要模拟与发动机故障相关的声音时,不仅需要正确地模拟声音的频率,还要对声音进行准确的定位。

随着数字信号处理和计算机控制信号显示系统的出现,要实现全方位的座舱音效可以用相对便宜的扬声器阵列实现。通常做法是座舱内放置 4 个扬声器,2 个在飞行员前面,2 个在飞行员后面(Shilling 和 Shinn-Cunningham,2002年)。前方的扬声器应放置在飞行员前面±30°的位置,后方的扬声器放在飞行员后面±110°处,再加上一定的数字信号处理,就可以提供飞行器模拟器所需的全方位定位和环绕效果。

在为飞行员或机组人员创造模拟环境时,对正常操作和异常操作的声音模拟是至关重要的,正如声音和语音显示在警报和警告系统中的意义一样,都是不可或缺的。除了模拟这些声音和声音显示之外,可能还有一个更重要的模拟目标——无线电通信模拟。

2.3　无线电通信

无线电通信模拟是飞行模拟器设计中最困难的任务之一,也是所有民用和军用飞机行动的重要组成部分。对于飞行模拟器来说,无线电通信模拟主要分为以下两种。第一种是广播通信模拟,即在某一无线电频率上传输预先录制好的信息,目的是让该频率上的所有飞机都能收到信息。第二种是 ATC 通信模拟,它专门用于无线电环境中空中交通管制设施控制下的飞机。这些通信模拟有多种用途,但主要目的是向设施空域中的飞机提供控制信息。广播通信和空中交通管制通信这两类无线电通信模拟都是模拟飞行环境不可分割的一部分。

2.3.1　广播通信

自动天气广播和航站楼信息广播是最简单的无线电通信形式。在美国,自动地面观测系统(automated surface observation system,ASOS)、自动天气观测系统(automated weather observation system,AWOS)和航站自动情报服务系统(简称"情报通播"）（automated terminal information system，ATIS）①都属于上述范畴。这些系统旨在向飞行员提供天气和其他机场的信息，从而帮助他们规划离港和进港行程。广播至少每小时更新一次，确保向飞行员提供的机场信息是最新信息。目前，一些旧系统仍在使用人工模拟录音，而新系统则是使用更高级的语音合成（text-to-speech，TTS）系统进行广播传输。后者的设计是为了进一步完善自动观测系统（如 ASOS）。不管使用何种系统，飞行员的目的都是希望广播条件与实际条件尽量完全对应，尤其是最高飞行限度、能见度、风速和方向等天气信息。

ATIS 和 ASOS 是美国应用最广泛的航站区信息系统。它们在给定的机场航站楼区域内的预留无线电频率上广播，因此不会干扰其他无线电通信。大多数飞机都配备了至少 2 个能够接收甚高频信号的无线电设备，飞行员通常在一个频率上监听这些广播，同时在第二个频率上进行 ATC 通信。

一些航路上的天气广播信息也可由导航无线电信标发送。这类广播通常利用导航无线电频率传输，并且只有当飞机在发射器的接收范围内时才能被接收。在美国，航站气象航路广播（terminal weather enroute broadcast，TWEB）就是这样一种系统，它可以提供飞行途中关于天气的重要信息，包括雷暴、结冰和湍流等重大气象事件。

对于飞行员来说，这些广播系统最重要的特征就是所载信息的通用性、可用信息的类型，以及在飞行操作期间这些信息的可访问性，因为这些信息可能会大大影响飞行员对航线规划、燃料消耗、备降机场和其他飞行关键问题的决策。无论是进行模拟训练，还是对飞行员的决策、计划进行评估和研究，在飞行模拟器中配置这些广播系统都是必不可少的。

2.3.2　ATC 通信

ATC 通信是无线电通信在航空业务中最重要的应用。简单来说，ATC 通信就是飞行员在预定频率上广播他（她）的位置或计划。在美国，这些公共交通区域频率（common traffic area frequency，CTAF）主要用于没有指挥塔台的机场航站楼区域。此外，由于预留的无线电频率非常有限，在广播过程中，一个机场交

①　ATIS 中一般包括当前天气信息、活动跑道信息、机场特别安排及临时规定等与飞行相关的信息。飞行员在联系当地空中交通管制员之前，先收听 ATIS 广播信息，可以减少管制员的工作量，为飞行做好准备。一般来说，机场每小时都会更新 ATIS 信息，如果条件发生重大变化，也会及时更新信息。

通区域的传输信号往往会被其他机场的好几个飞行员同时接收到。为了避免飞行员可能混淆这些信号,使用 CTAF 的飞行员必须在无线电传输时以目的地机场交通区域的名称来开始和结束。由于这些机场没有塔台或雷达信号,因此通过 CTAF 传输的信息对于维持空中交通安全至关重要。

一般来说,大多数航班(包括商业和军事飞行)都是在某种形式的 ATC 系统下运行的,这就要求在飞机和控制设施之间要始终保持双向无线电通信。在民用机场,地面和跑道由单独的管制设施进行控制。起飞后不久,飞机可能会被移交给离港管制员,随后再由其他离港管制员或中心管制员负责。在返回过程中,飞机从中心管制员转移到离港管制员,然后再移交到塔台和地面管制设施。由于飞机始终处于地面 ATC 设施的控制中,飞行员在飞行过程中必须时刻保持并监控与该机构的通信情况。

ATC 中有两类通信对飞行员意义重大。一种是自有通信,它是 ATC 与飞行员的直接通信,所有信息在传输时必须包含飞机的呼号。另一种是其他飞机和设施之间的通信,这类通信是在与自有通信相同的无线电频率上传输的,统称为无线电频率颤振或简单地称为频颤。由于几架飞机可能共用一个给定的频率,因此频颤通信更为普遍。一般来说,飞行员的主要任务是有足够的注意力监测无线电频率,以确保他(她)的飞机不会错过信息。同时,监测该频率上的颤振可以为飞行员提供一些额外的信息,例如其他飞机的位置、同一航线上飞机遇到的天气情况,以及目的地机场可能出现的延误等。

当然,ATC 通信是双向通信。飞行员可以主动与管制方通信,也可以由管制方发起通信。无论是哪种情况,一次只能有一个人在给定的频率上讲话。这种异步无线电通信系统有时的确会导致飞行员和管制方之间的通信延迟和其他异常。在繁忙的机场航站楼区域,由于颤振几乎连续不断,通信延迟也就变得司空见惯了。

考虑作战环境中也会应用到无线电通信,人们当然希望现代飞行模拟器可以具有完整的通信模拟功能。对于商业航空公司来说,他们使用的所谓全飞行模拟器(full flight simulator, FFS)也需要逼真的通信模拟,而面向线路的仿真(line-oriented simulation, LOS)首先要关注的就是无线电通信模拟。然而,对美国商业航空公司的一项调查表明,通信模拟不是由飞行模拟器提供的,而是由教员自己提供的(Burke-Cohen、Kendra、Kanki 和 Lee,2000 年)。调查显示,在航空公司的飞行模拟器中,教员扮演着 ATC 控制器及 ATIS 等广播传输的角色。

当然,教员不是空中交通管制员,因此这种类型的 ATC 通信模拟在现实中并不具有代表性。除了简化的自主通信可以模拟外,教员通常无法模拟频颤通信。这样一来,教员除了要完成教学和评估职责,还必须提供 ATC 通信模拟,这也导致通信模拟的数量和质量普遍会受到影响。

在模拟训练环境中,无线电通信模拟的逼真度普遍较低是有原因的。至于为什么其没有得到更多的关注,主要有以下两点原因。首先,美国联邦航空管理局和其他监管机构在训练或评估飞行员的过程中都没有要求飞行模拟器提供真实的通信模拟。如果飞行模拟器的其他组成部分(如动感模拟)对通信模拟都没有法规要求,技术人员研发通信模拟技术的动力就很小。其次,无线电通信模拟缺乏证据证明逼真度对飞行员的培训和评估非常重要。简而言之,训练界的一些人可能认为,改进无线电通信模拟可能会增加一定的飞行真实感,但这种真实感对飞行模拟器训练的指导价值贡献甚微。在没有任何相反证据的情况下,并不能否认这个假设的合理性。然而,对不同水平的无线电通信模拟逼真度进行一系列研究后,结果表明情况并非如此(Lee,2003 年)。在研究过程中,机组人员分为两组,一组具有真实的自主通信和频颤,另一组仅由教员担任控制员,两组人员的表现截然不同。无线电通信模拟逼真度更高的机组人员发起了更多的 ATC 通信,并普遍表明需要更高的脑力负荷。此外,该项研究也表明即使只模拟真实的无线电频颤,飞行员的工作量也会明显增加。这些发现证明了现有的无线电通信模拟方法是不充分的,在目前能够提供的模拟环境中,机组人员的通信行为和脑力负荷水平与作战环境下根本不能相提并论。

上述研究证明了 ATC 通信模拟对训练价值是有影响的,除此之外,Lee(2003 年)和 Burke-Cohen(2000 年)等还发现,教员和飞行员都认为提高飞行模拟器训练效益同样需要更高的逼真度 ATC 通信模拟。随着改进 ATC 通信模拟的需求得到证实,未来需要的是技术人员投入更加持续和集中的努力来改进相关技术。

2.4　无线电通信模拟技术

真实的通信模拟需要两个基本要素:(1)产生并显示易理解的自然语音;(2)对连续语音能进行高度可靠的、与说话者无关的识别。在语音显示方面,人类的模拟录音似乎是一个合乎逻辑的选择,事实上,早期的飞行模拟器就是用模拟录音来提供高度逼真的无线电广播模拟的。后来,改进的模拟语音显示器是通过对单个单词和短语进行数字化处理,并按指定的顺序和适当的时间进行播放的。

虽然模拟语音显示器提供了高度的逼真感,但它们也有许多明显的缺点,如模拟语音显示器依赖于唯一的录音源。由于人类对声音模式比较敏感,因此除了原始说话者之外,任何人都不能随意修改模拟语音显示器。随着无线电通信模拟所需的语音越来越多,这个问题就会成倍增加。此外,在新的无线电通信模拟需求下,人类语音的语调模式使重新排列单词和短语变得非常困难。

2.4.1　语音合成

幸运的是,模拟语音显示已经有了更好的替代方案,就是语音合成。在许多情况下,新型合成语音显示器提供的模拟语音在质量上与模拟录音几乎没有区别。合成语音显示基于 TTS 技术。TTS 技术就是将电子文本转换为语音文本。这种文本可以出现在各种存储介质或计算机程序中。其转换过程是通过TTS 引擎完成的,该引擎会对单词进行逐个检查和识别,并选择适合单词和单词所载语境的发音。TTS 引擎适用于多种语言。通常,这类引擎的发音是标准的、通用的,因此不会设计成带有法语、德语或其他某种语言口音的英语发音。这一功能对于飞行员来说很实用,因为他们接触到的通信信息有可能来自非母语英语的人员。

常用的 TTS 引擎一般有两种:一种是基于人类语音发声器官的物理模型,另一种是基于单个语音(双音素和三音素)的拼接。第一种引擎的优势在于它能够模拟几乎所有的人类语言。这样的引擎能够产生便于理解的语音,但在传递自然发音的语音时比较困难。相反,第二种引擎产生的语音往往听起来更自然。然而,第二种引擎是基于人类语音模式的实际样本,该引擎的转换过程依赖于采样的人类语音而不是人类语音系统的一般模型,因此转换过程是漫长和复杂的,本质上不如第一种引擎灵活。

上述两种引擎都能够产生可理解性较高的语音。可理解性是指听众正确识别 TTS 引擎生成单词的能力。与大多数自然语言相比,航空标准用语的词语相对较少。因此,相比其他词汇量大得多的应用,易于理解的 TTS 语音显示更容易用于无线电通信模拟。总而言之,可理解性高的 TTS 语音显示器不再是一个技术挑战,应该在飞行模拟器的通信模拟系统中得到广泛使用,就像它们在自动天气广播等其他航空应用中那样。

然而,TTS语音显示器在"拟人"自然度方面可能变化很大,并且该方面在TTS语音显示器的发展中通常落后于可理解性。TTS语音显示器的自然度主要受限于许多TTS引擎无法准确再现人类语音的韵律,这些韵律是人类正常语音模式中不可分割的一部分,包括人类语言的节奏、语调和重音模式。缺乏这些模式会导致语音听起来过于机械或不自然。另外,如果传递语音的速率过高,TTS语音系统的自然度也会受损。在ATC通信模拟过程中,TTS引擎传输语音的速率需要与空中交通管制员发出指令的速率相匹配。此时的语速会比正常对话语速平均高出50%~100%(Morrow,Lee, and Rodvold,1993年)。

为了避免语音假象分散飞行员的注意力,必须要想办法提高TTS语音显示器的自然度。在无线电通信模拟组件中,用于模拟正常人类语音的语音显示器应与相同文本的模拟录音没有显著区别。当然,这条规则也有例外。例如,某些与警报和警告系统相关的语音显示器故意采用了"不自然"的TTS语音显示器,正是因为它们能够吸引人们的注意力。这些语音显示应该在模拟器中准确模拟,以便飞行员在飞行模拟器和飞机上都能感受到相同的语音显示。

为了无线电通信模拟尽可能逼真,TTS显示器需要提供大量独特的声音。如航站楼和航路广播、单个ATC设施和设施内的扇区,以及与无线电频颤中不同飞行员之间的通信等,都需要独特的声音。在进行语音通信模拟时,设计者应避免在相邻设备或区域中使用相同的语音进行ATC自有通信,因为声音的变化可以向飞行员及时提供反馈,表明他(她)实际上正在与新的设备或区域进行通信。为了避免混淆,设计者也可以不使用空中交通管制员的声音来模拟天气广播或无线电频颤。对于持续1~2h的典型LOS模拟器飞行,可能需要10~12个独特声音才能进行逼真的无线电通信模拟。当然,如果模拟飞行场景较短,需要的独特的声音也较少。

2.4.2　通信模拟内容

在少数通信模拟系统中,一个反复出现的问题就是其传输的通信模拟内容错误。例如,带有错误天气信息的ATIS信息、使用航线上不再运行的航空公司呼号的频颤,以及使用与进近板和航海图不对应的无线电频率等。这些问题反映出系统集成度较差,以及未能在无线电通信模拟数据库中及时更新信息。

无线电通信模拟的系统集成和无线电通信模拟技术本身几乎同等重要。为了使 ATIS 或其他模拟航站楼广播发挥出同样的作用,飞行模拟器需要了解当前天气、使用中的跑道及飞行员希望在此类广播中听到的其他机场相关问题的详细信息,只有当通信模拟部件不断更新来自模拟机场环境其他部件的信息时,才能做到这一点。如果飞行模拟器场景条件随时间变化(这种情况经常发生),那么预录的信息就会失去意义。

通信内容当然也可能因其他原因而发生变化。由于真实的航空和运行环境会经常发生变化,通信模拟系统必须定期更新。其中包括通信和导航无线电频率的修改,飞机呼号的增加和删除,以及不同的交通路线和高度分配。为飞行模拟器开发的通信模拟系统必须可以及时且经济有效地修改这些信息。同时还要及时更新通信模拟数据库,避免飞行模拟器提供的信息与飞行员从航海图、进近板或其他途径获得的信息相矛盾。

2.4.3　语音识别和 ATC 通信

在飞行模拟方面,全自动 ATC 通信模拟应该可以说是最艰巨的技术挑战,这其中不仅要显示无线电通信信息,还要求模拟空中交通管制员能够及时理解和响应飞行员的通信内容。这种功能是对全集成 ATC 通信系统的基本要求,但其依赖的组件技术一直发展缓慢。

这种组件技术是与说话者无关的、连续的语音识别。系统不需要对说话者进行训练,并且无须在单词之间进行人为停顿就可以识别正常速率的语音。该技术与仅识别单个单词或短语的命令语音识别系统有很大区别。从过去来看,连续识别系统单词识别率一般不会太高。为了避免在模拟环境中引入通信伪像,该技术需要达到与正常人类语音相当的识别率(99%以上)。ATC 通信语音识别过程中反复出现的问题不仅会增加飞行员的工作量,而且会降低飞行模拟器在训练期间的整体可靠性。

语音识别引擎技术的最新发展表明,在不久的将来完全可以实现全自动 ATC 通信系统的部署,但可能会有一些限制。目前,识别系统已经成功地部署在 ATC 塔台训练模拟器中(Tomlinson,2004 年)。这些系统将人工智能和 ATC 标准短语的有限操作词汇进行组合,从而提高语音识别率。如果教员和受训飞行员可以接受语音识别词语仅限于标准短语的话,这种系统就可以用于飞行模拟器。但与此同时,这也意味着飞行员无法使用非标准短语。有些人认为这种模式过于僵化,也有人认为这是执行标准通信短语的有效手段。值得注意的是,与非标准用语出现较大偏差往往是由于发生了异常事件,这在训练场景中是很常见的,这都是当前语音识别系统无法满足的情况。语音识别系统确实可以通过放宽对措辞标准的要求从而产生更大的容错空间,然而这样做可能会损失一部分的系统识别和响应性能。因此,当前这种更为先进的语音识别系统应用到飞行模拟器上时,可能需要在可靠性和通信用语的灵活性之间进行权衡。

在开发全自动 ATC 通信模拟的过程中,语音识别的可靠性也是至关重要的。如果这个目标可以实现,那么一般的无线电通信协议都是可能实现的,包括许可请求、ATC 通信回读、设施登记、分流请求和改道、交通警报及其他通信和查询功能等。这样也会提高飞行模拟器的逼真度,并减少 ATC 模拟任务当前强加给教员的工作量。同时,飞行员还能在没有教员在场的情况下更好地使用飞行模拟器进行技能维护。例如,利用真实的 ATC 通信模拟(目前在用于此目的的飞行模拟器中不可用),飞行员可以大大增强周期性仪表维护练习的熟练程度。

先进的语音识别技术与先进的教学技术相结合,可能会碰撞出更高效的飞行模拟技术,比如可能会开发出智能教学系统,让飞行员在没有教员在场的情况下也可以完成飞行模拟器技能培训和维护(见第 9 章)。

2.5　小　　结

声音和通信模拟是任何飞行模拟器都不可或缺的组成部分。声音产生和显示技术的发展让我们现在能够以相对较低的成本实现高度逼真的声音模拟。广播和 ATC 通信模拟能力对于提高飞行模拟器的训练效益也是必不可少的,特别是在那些面向航线的训练中。语音识别和语音显示技术也取得了很大的发展,这让全自动通信模拟系统成为可能。

第3章 全身运动

3.1 飞机运动

所有的飞机都是在三维空间中运动的。当飞机移动时,它必然会给飞行员的身体施加一定的力,而飞行员会通过多个非视觉系统来感知这些全身运动力量。这些力及飞行员的感知和反应在飞行任务中扮演着重要角色,因此很久之前,人们就开始试图在地面模拟器中重建这些感觉,但其重建过程中存在一定的争议。

在飞行中,飞机可以在 3 条轴线中的任何一条或多条轴线上通过平移力和旋转力的形式向飞行员传递动感。这 3 条轴线即纵轴(x)、垂直轴(z)和横轴(y)(图 3.1)。有 2 种不同形式的运动(平移和旋转)可以应用在 3 条轴线上,从而产生共 6 个自由度的运动。在飞机上,这些运动力的振幅和频率范围很广,来源很多,因此也会对飞行员产生不同的影响。

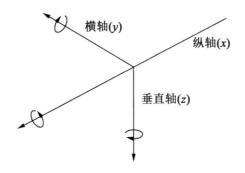

图 3.1 飞机运动轴线

平移运动力通常称为正或负重力(G)载荷。在非特技飞行、固定翼飞机操纵中,这些载荷往往相对较小且不常见。在飞机的纵轴(x)上,平移运动最常发生在起飞加速和着陆减速期间。垂直轴(z)上的平移运动通常发生在起飞和着陆的初始阶段、急转弯及遇到湍流期间。而在横轴(y)上的平移运动虽然不如在其他轴线上常见，但确实偶尔会发生，一般是由于环境或飞机系统出现故障对飞机造成了干扰。飞行员通常只会经历正重力 G 载荷，但偶尔也可能经历负重力 G 载荷，特别是在特技飞行中（如空战机动），平移动感往往会更强烈、更频繁，并且可能一次涉及多个维度。目前只能在专门为此设计的离心机中模拟持续重力载荷。

与平移运动不同，旋转运动通常发生的频率更高，因为飞机在任何轴线上都可以进行旋转，分别称为俯仰（绕 y 轴旋转）、滚转（绕 x 轴旋转）和偏航（绕 z 轴旋转）。由于视觉动感阈值比全身动感阈值低得多，因此飞行员通常总是先体验到视觉运动刺激（前提是视觉运动信息可用且在飞行员的视野内），而全身运动感觉通常是在外部视景或飞机仪表提供的视觉刺激之后才体验到。

虽然平移力或旋转力可以施加单个轴线上，但在飞机实际的操纵过程中，通常会一次在多个轴线上产生飞机的加速或减速。例如，飞机在水平转弯时，飞行员通常会同时经历 z 轴的平移运动和 x 轴的旋转运动。类似的，飞机俯仰角的增加也会导致沿 y 轴的旋转运动，以及沿 z 轴的平移运动。更复杂的是，飞行员坐的位置通常与飞机的轴线存在一定距离，因此，飞机轴线上的运动不一定会直接传递给飞行员。

3.2　操纵运动和干扰运动

根据飞行员实际感受全身运动的方式，可以将飞行员感知的运动划分为操纵运动和干扰运动（Guedry，1976 年）。操纵运动是飞行员在操纵飞机时所产生的运动力，一般来自于飞行员对主操纵系统（如舵柄、操纵杆或方向舵踏板等）的操作，也有可能来自于飞行员对动力、制动器、襟翼或起落架等辅助操纵系统的操作，总体来说，操纵运动信息来自于飞行员本身的操纵行为。

干扰运动是由飞行员操纵行为以外的其他因素引起的，通常来自于飞机系统故障或恶劣的环境条件（如天气）。前者包括发动机、襟翼和齿轮延伸故障，而后者包括遭遇湍流和风切变等。这样的运动信息往往是意料之外的，并且可能引起警报，需要马上关注。与操纵运动相比，干扰运动的持续时间可能更短，并且更加强烈。例如,由湍流造成的干扰运动可能给飞机带来非常高的重力载荷,虽然持续时间很短,但这在正常的非特技飞行操作中是绝不会发生的。在某些情况下,干扰运动可能最先预报了潜在的不安全因素。

3.3　感知运动

在飞行过程中,飞行员可以通过 3 个感觉通道对全身运动力进行感知,3 个感觉通道分别是:前庭系统、皮肤(或触觉感觉系统)和本体感觉系统。一般来说,飞机平移和旋转加速度引起的运动感觉都是由前庭系统传递给飞行员的。前庭系统由半规管和耳石两部分组成:半规管可以感知三条轴上的角加速度;耳石包括椭圆囊和球囊,主要用于感知施加在身体和系统上的线性加速度,通常反映的是飞机的姿态(包括倾斜)情况。位于内耳的前庭系统有一个感知加速度或速度变化的阈值,必须超过这个阈值才能让飞行员感知到特定的运动。对于平移(或线性)加速度,飞行员的感知阈值一般是 10 cm/s^2(Howard,1986年),大约是 0.01G 的加速或减速。旋转或角加速度的感知阈值根据感觉的测量方式不同,略有差异。在运动起始阶段,飞行员的简要报告(首次报告)范围是 $0.44 °/\text{s}^2 \sim 0.80 °/\text{s}^2$。而在开始测量幻视运动(例如眼动错觉)后,阈值要低得多,基本是 $0.10°/\text{s}^2 \sim 0.12°/\text{s}^2$(Clark 和 Stewart,1968 年)。首次报告的阈值对飞行模拟器运动平台设计者来说可能更有价值,因为该数值直接反映了飞行员在没有任何视觉刺激情况下的主观运动体验。后者在测量时用到了眼动错觉,反映了视觉刺激对全身运动力感知的显著影响。

前庭系统的一个显著特征是它的后效很持久。半规管系统包含一个具有内置惯性的流体,这个流体使前庭系统对加速度力的起始响应有点慢,一旦加速停止,其停止响应也比较慢。众所周知,这些后效会导致飞行员产生空间定向障碍。一旦飞行员对这些相同的全身运动力刺激产生依赖,他(她)们就无法正确评估飞机的姿态。为了避免这个问题,飞行员在仪表飞行训练中要忽略所有运动信息,只通过仪表对飞机姿态进行控制。

虽然刺激前庭系统需要相当大的加速度力,但飞行员的运动感觉并不仅仅取决于前庭系统,也可以通过皮肤表面的压力或振动来感知。这种运动感觉通常由座椅面板、靠背或飞行员座椅的其他部件来传递,因此,早期的飞行员往往用"全凭直觉"来形容他们对飞机的操纵方式。飞行员的臀部和下背部与座椅直接接触,因此对某些频率或振幅的压力和振动更加敏感,在这些刺激下,运动的感知差异很大程度上取决于飞行员受到刺激的部位。例如,臀部对 200 Hz 正弦信号感知振动的阈值在 30 μm 左右,而下背部的感知阈值仅需 4 μm。这些数值表明了座舱的座椅可以向飞行员传递一些有用的干扰信号或操纵信号。

除了前庭系统和皮肤外,飞行员还可以感知到来自本体感觉系统的运动线索。本体感觉是飞行员关节和肌肉传感神经反馈的结果,它们能够提供四肢相对于身体位置的信息。例如,飞机绕纵轴旋转会在飞行员的手臂上施加一定的力,使其向外移动。在负重载荷情况下,当四肢"飘"离身体时,这种感觉会更加强烈。一般来说,本体感觉只在较高水平的飞机平移或旋转运动中才会发挥作用,一般只会出现在特技或空战机动情况中。

如前一章所述,上述所有非视觉运动信息都可能通过座舱窗外的视景信息进行补充,甚至取代。然而,如果没有这种视觉运动信息,全身运动信息将成为飞行员感知飞机运动的主要手段。因此,在没有提供视景显示的情况下,全身运动在飞行模拟中往往会发挥更重要的作用。

3.4 运动模拟技术

在地面上进行全身运动模拟是非常困难的,因为飞行模拟器需要模拟飞机(飞行员)的加速度,这个加速度的产生需要飞行模拟器移动一段距离——加速度越大,设备所需的位移就越大。除了离心机、动力雪橇和一些研究设备外,地面设备无法模拟 1.5 G 以上的线性加速度。对于飞行员来说,高重力载荷可能是其操作环境的一部分,只有专用设备或飞机本身才能提供,飞行模拟器是很难做到的。

角加速度是由飞机绕 3 条轴线旋转产生的,它只需要设备围绕空间中的固定点移动即可。因此,与线性加速度相比,角加速度模拟的难度较小。从理论上讲,飞行模拟器不需要从地面的固定位置上移动就可以模拟特技中可能出现的所有角加速度。然而,现实中除了绕飞机纵轴的旋转外,大多数都是旋转和平移运动的组合。例如,飞机转弯既涉及 x 轴的角加速度,也涉及一定量的偏航加速度和一定的重力载荷。随着飞行员的操纵,产生的一系列复杂运动通常要求飞行模拟器能够提供足够的线性和角加速度信息。除离心机系统外,运动模拟系统无法提供持续的线性加速度(重力载荷),大多数用于训练和研究的飞行模拟器只能提供较小和相对短暂的加速度。大型复杂的运动模拟系统能够提供更真实的运动信息,但因其成本较高仅应用在少数的研究设备中。

对那些用于训练和研究的飞行模拟器来说,它们的运动模拟系统都可以被称为是经历了一系列必要取舍后的最终产品,导致的最终结果就是飞行员只能感知到实际操纵过程中的一小部分动作提示。与视景和声音模拟组件相比,运动模拟系统不太可能完全再现操纵环境中所有可能出现的运动加速度。由于运动平台技术广泛应用于更高级的训练和研究设备,因此将在下面的章节中更详细地展开介绍。

3.4.1　运动平台

运动平台常用于需要在一条或多条轴线上移动整个飞行模拟器的情况。平台运动指的是旨在移动整个飞行模拟器座舱的系统。要实现这一目标的方法千差万别,但运动驱动系统的基本组件是一样的,通常由龙门架、动力轨道和液压或电子驱动的闸板组成。位于 NASA—Ames 研究中心的垂直运动模拟器(vertical motion simulator, VMS)装备了目前世界上最大的垂直运动平台,它是多种技术结合的产物,图 3.2 为 NASA VMS 座舱和六自由度平台,图 3.3 为 NASA VMS。

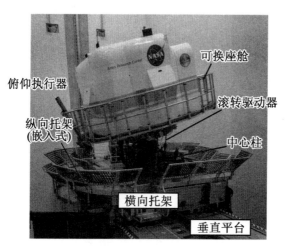

(图片由 NASA 提供)

图 3.2　NASA VMS 座舱和六自由度平台

　　图 3.2 详细展示了 NASA VMS 座舱平台运动部件。俯仰和滚转驱动器位于 NASA VMS 座舱的底座上。这里要注意，垂直平台包含用于 VMS 座舱的轨道，这些轨道的作用是为 VMS 提供在 x 轴或 y 轴上的线性加速度。如图 3.3 所示，VMS 座舱的安装在 VMS 竖井内的垂直平台上，平台可沿着嵌入井壁的轨道上下移动。从 VMS 的名字上就可以看出，它的设计目的就是专门在一个封闭式设备内提供尽可能多的垂直运动。整个设备有 10 层楼高，可允许近 22 m 的垂直平台移动，因此 VMS 可提供近 6.8 m/s²（相当于 1.75 Gz）的垂直加速度。

（图片由 NASA 提供）

图 3.3　NASA VMS

　　尽管 VMS 在提供 Gz 载荷方面非常突出，但这也仅是大多数民用（4 Gz）或军用（9 Gz）飞机最大设计载荷的一小部分。从另一个角度来说，VMS 能够提供正常机动过程中相对较低的 Gz 载荷，其中包括大型运输机在临界进近和着陆机动中可能经历的 Gz 载荷情况（Bray，1973 年），这使在研究大型运输机起飞和着陆阶段的操纵特性时，VMS 的作用特别突出。

　　虽然像 VMS 这样的大型运动平台可以满足特定的研究需要，但其成本对于飞行员培训和评估来说是令人望而却步的。在飞行模拟器历史上，很早就有人开始对运动平台进行开发，目的就是希望能够以更合理的成本在所有飞行轴线上获取尽可能多的运动信息。除了成本问题，还要考虑大多数培训环境中的物理设施是否可用、是否足够，以及培训组织的预算。如果飞行员训练计划比较苛刻，运动平台还必须非常坚固且易于维护。

　　为了满足经济性要求，"Stewart 运动平台"是目前普遍较为认可的运动平台解决方案，它的设计架构是迄今为止在飞行员训练的所有运动平台中应用最广泛的,并且在许多用于研究的飞行模拟器中也可以看到。该平台通常配置为六自由度协同系统,使用一组 6 个液压或电子驱动的闸板或起重器,通过插孔连接到飞行模拟器底座,Stewart 运动平台示意图如图 3.4 所示。

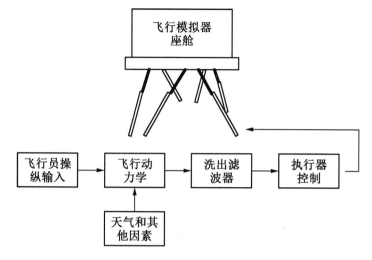

图 3.4 Stewart 运动平台示意图

起重器平台附件是为了使起重器可以通过球形接头横向移动。由于起重器平台位移有限(大约 1~2 m),其物理相关性和飞行模拟器的复杂运动导致运动平台能够提供的运动线索非常有限。如果单个起重器组独立运行,仅起重器之间的相互依赖性就可能会降低 50%~60% 的位移量(Rolfe 和 Staples,1986年)。Stewart 运动平台执行器的协同作用导致平台运动大幅受限,这也会对实际产生的运动信息有巨大影响。此外,由于洗出滤波器需要将指令执行器运动保持在偏移设计限制内,也可能导致运动假象的引入。安装 Stewart 运动平台的B-747 飞行模拟器如图 3.5 所示。

3.4.2 Stewart 运动平台的局限性

在针对安装 Stewart 运动平台的 B-747 飞行模拟器的一项研究中发现,若飞行模拟器在起飞时遭遇发动机故障,通过观察其运动响应情况可以证明Stewart 平台运动架构存在严重的局限性。

任何飞机在起飞时(特别是在第一段爬升期间)出现发动机故障都是一个非常严重的问题,尤其是对于那些装有机翼发动机的大型运输机来说更为致命。失去发动机推力不仅意味着飞机在飞行的关键时刻失去动力,而且还意着至少会暂时失去方向控制，并可能导致机翼出现空气动力学失速——这在低空条件下通常是致命的。

（图片由 NASA 提供）

图 3.5　安装 Stewart 运动平台的 B-747 飞行模拟器

对起飞时发动机故障的识别和排除是飞行员的一项重要任务，也是所有飞行模拟器训练大纲中不可缺少的部分。对于飞行模拟器运动平台的设计者而言，像 B-747 这样的大型运输机在起飞和第一段爬升过程中舷外发动机出现故障对飞行员来说是一个重大的技术挑战。该故障在一定程度上是由于飞机起飞和第一段爬升期间大型飞机需要平台漂移和高俯仰角（约 20°），这会对飞行模拟器在其他轴的运动量造成一定的限制。

因此，Stewart 运动平台在这项关键的训练任务中具有非常重要的意义。根据 Nahon 等人（1997 年）的数据，Stewart 运动平台的性能是通过计算平台提供的特定线性和角运动力与类似情况下飞机实际产生的运动力之间的百分比来评估的。

Nahon 等人（1997 年）针对飞机旋转后 6 s 左右出现的右舷发动机故障进行了运动分析，通过将 Stewart 运动平台和类似情况下飞机在发动机故障时和之后不久的峰值运动力进行比较，结果如下：带有经典洗出滤波系统的 Stewart 运动平台提供的 Gx 载荷、Gy 载荷、Gz 载荷与飞机实际产生的 Gx 载荷、Gy 载荷、Gz 载荷相比，分别占 55%、54% 和 29%。该运动平台提供的与飞机实际产生的滚转角速度、偏航角速度、俯仰角速度相比，分别仅占 15%、19%、50%。此外，在 6

个自由度中的 4 个里,Stewart 运动平台经常提供与飞机相反方向的洗出运动①,只有纵向线性运动和偏航角运动是与飞机同向的。这种特殊的平台运动方式是洗出滤波器导致的,目的是将 Stewart 运动平台维持在其偏移设计范围内。

　　在 Nahon 等人(1997 年)的研究中,由于其运动线索来源于飞机故障(发动机故障)而非飞行员,因此它们被视为干扰运动。飞行员在正确识别发动机故障状态后,通常会立即采取控制措施以维持安全的飞机速度和方向。假设与发动机故障相关的运动信号是飞行员在训练中必须学习的主要警报信号,那么接下来要考虑的问题就是,虽然 Stewart 运动平台能够提供的干扰运动信息比较有限且逼真度很低,但这些信息对飞行员来说是否已经足够。

　　更重要的是,Stewart 运动平台的洗出滤波器可能引入运动伪影。要维持Stewart 运动平台在其极限范围内运行,洗出运动是必需的,但洗出运动可能产生的线性或角加速度必须低于飞行员的感知阈值。Nahon 等人(1997 年)对洗出运动数据的分析表明,洗出滤波器的确可能出现超出阈值的加速度,并且在Stewart 运动平台中使用的经典洗出滤波器产生运动伪影的可能性很大。

　　Nahon 等人(1997 年)获得的数据说明了协同运动模拟系统(如 Stewart 运动平台)中存在的固有问题。一个平台系统既能够适应高度受限的工作空间,还可以满足飞行员训练的成本要求,那它提供的运动信息必然是非常有限的。此外,这些运动信息并不一定在所有飞行条件下都是一致的。由于平台的协同特性,在只考虑运动平台本身约束的前提下,飞行模拟器水平飞行时发动机故障所产生的运动信息可能比第一段爬升中发动机故障所产生的运动信息显著得多。

　　除了运动平台的性能问题外,不同的飞机在不同运行环境下向飞行员传递的运动信息差别也很大。尽管如此,驾驶不同机型的飞行员在训练时还是会使用相同的协同平台架构。例如,同样是发动机发生故障,单发飞机与多发飞机的运动信息是完全不同的。同样质量大小的飞机,发动机是使用中心线或机身安装,还是使用机翼安装,结果也是不同的。如果考虑其他飞机及其运行条件,可以举出更多的例子。需要注意的是,协同运动平台已成为所有民用 FFS 和大多数军用飞机模拟器的标配,但它们在不同机型和操纵条件下能够向飞行员提

---

　　①　这是一种常见的设计策略,允许使用飞行员无法感知的平台运动对平台重新定位。

供的运动信息有很大差异。虽然 Stewart 运动平台基本上已经成为标杆式的存在,但其"一刀切"的设计策略不太可能产生"标杆式"的运动逼真度。

在优先考虑成本和其他因素的前提下,Stewart 运动平台无疑是一种性价比最高的选择,因此它已成为运动平台的"标杆"。对模拟组件技术来说,只要该技术有效,那么其设计标准就是非常可取的;但是对运动模拟来说,其设计标准也许并不是最合适的,甚至不是最具成本效益的。想要确定运动平台的设计标准,不仅需要对飞机运行条件及产生的运动信息进行全面详细的分析,还要分析备选运动平台的架构,最后才能确定运动平台应该为给定机型提供什么样的运动信息。

3.4.3　运动信息的作用及飞行模拟器动感逼真度

需要注意的是,全身运动信息并不是飞行员唯一可用的信息。对于可视飞行条件下的操纵运动信息,飞行员可能主要通过他(她)的视觉感知来获取相应的反馈。优先利用视景信息不仅是因为它能为操纵飞机提供更丰富的信息来源,还有一个重要因素是飞行员的视觉处理系统比其他任何非视觉处理系统都更加发达。在仪表飞行条件下,由于没有舱外视景信息,飞行员只能通过其仪表进行操纵和反馈。在这种情况下,他们必须学会忽略全身运动信息,从而避免空间定向障碍。虽然运动模拟系统对训练效果的影响将在后面的章节中讨论,但通过对此类系统在飞机飞行操纵中的潜在作用进行分析表明,运动模拟系统提供的操纵运动信息的训练价值饱受争议。

相比之下,干扰运动信息完全是另一回事。由于它们不是来源于飞行员的操纵行为,因此它们不能作为潜在的控制和反馈信息。虽然操纵运动信息可能是飞行员操纵行为的预期结果,但干扰运动信息不是这样形成的。干扰运动在飞行任务中扮演着与操纵运动不同的角色。

对干扰运动信息来说,它的警报功能是最重要的,这一功能很容易通过模拟实验来证明。作为飞机出现系统故障最早的提示信号,干扰运动信息对于高效地恢复系统状态至关重要。例如,在发动机出现故障的情况下,干扰运动是最早发生的,这就证明其存在很有价值。在其他情况下,机体抖动和振动形式的干扰信号可能代表了襟翼或起落架存在操作故障。当运动信息作为判断飞机状态的主要来源时,无数的例子都可以证明干扰运动信息对提高飞行模拟器动感逼真度和飞行员培训效益是必不可少的。

干扰运动信息也具有其他功能。干扰运动信息不是由飞机状态产生的,通常被归类为环境线索而不是飞机状态线索,即由湍流或风切变等天气原因导致的,或是由非天气现象(如撞鸟)产生的。在地面作业中,它们可能是由于跑道污染,跑道和滑行道缺陷或异常,飞机机轮离开跑道或滑行道表面,以及在跑道或滑行道上遇到物体或碎片而产生的。此外,当干扰运动信息作为主要提示信息时,对其进行准确模拟不仅是基本要求,而且是必要的,因为环境干扰运动信息不仅可以帮助飞行员提高识别能力,还可以让有经验的飞行员进行充分的态势感知。

3.5 振　　动

振动是一种特殊形式的全身运动,它既可以划分到操纵运动中,也可以划分到干扰运动中,是通过操纵装置、座舱结构和周围机身传递的一种非常高频的运动刺激形式。由于飞行员是通过飞机的结构和材料感知这些振动的,所以原始的振动刺激在到达飞行员的感官之前可能会大幅衰减或放大。

飞行员感知到的振动有多种来源。其中低频振动最常见的来源是于发动机运行、襟翼和着陆抖振、跑道和滑行道缺陷及湍流。振动频率或振幅的变化取决于飞行员的操纵行为,根据上述定义,这属于操纵信息。飞行员可能会认为振动或所谓的振动触觉信息发生变化是操纵的正常结果,然后会据此做出相应的反应。的确,正常的振动可能会让飞行员觉得习以为常,然后成为飞行中的一种背景噪声。而习惯之后,只有当振动不存在或振动强度、频率发生意外变化时,才会引起飞行员的注意。此时,振动就可以起到干扰运动信息的作用,也就是说,它们可以作为飞机或环境状态变化的重要警报信号。

人类对 5~16 Hz 的垂直振动和 1~2 Hz 的水平振动最为敏感(Sanders 和 McCormick,1993 年)。10~25 Hz 的振动频率会引起人体的不适和疲劳。对于大型运输机来说,大多数飞机振动小于 30 Hz,振幅约为 0.05 rms(Stephens,1979 年)。

3.5.1 模拟振动

大多数运动平台(包括 Stewart 运动平台)都能很好地实现低振幅的高频振

动。事实上，这种性质的振动只需要运动平台进行极小的位移就可以实现。例如，一项关于 B-727 飞机运动平台效果的研究表明，只需要 0.64 cm 的平台位移就可以模拟真实的振动(Lee 和 Bussolari，1989 年)。

这些振动的性质表明，即使运动平台设备比较简单也可以提供类似的振动效果，而且通过替代设备来模拟它们可能同样有效。由于振动主要由飞行员通过座椅感知，因此可以通过座椅振动系统将低频和低振幅的振动施加到座椅上。由飞行模拟器主机控制的凸轮系统连接的电动机就可以提供所需的振动信号，而且采用这种方法的成本也非常低。然而，这种装置仅适用于模拟振幅较小(例如 0.01G)的振动。座舱座椅如果发生较大振幅的偏移会对视景模拟的视点、飞行员读取座舱仪表的能力和控制座舱的能力产生不利影响。对飞行员来说，座舱振动带来的影响仅限于振动触觉刺激，对他们的前庭几乎没有影响。

在现实中，可以使用大型低音炮扬声器来代替座椅振动器，这种方法的原理是通过座椅底板来传输频率极低的振动。虽然有零星证据表明，像大型低音炮扬声器这样的系统能提供飞行模拟所需的一定范围内的振动，但它们的实际效果尚不清楚。同时，高振幅、低频率的声音传播对飞行模拟器其他组件的影响也是未知的。此外，座椅材料和结构等因素也将显著影响此类装置在产生振幅和振动强度方面的效用。

相比全平台运动，生产这些振动触觉设备不仅成本低得多，而且还减少了维护问题，延长了飞行模拟器的使用寿命。飞行模拟器长期处在振动环境中对其敏感电子元件是有害的。在设计过程中，设计者最好将这些敏感电子元件与振动环境隔离开，尽可能地避免敏感电子元件受到潜在的损害。

与其他运动信息一样，振动可以向飞行员传递关于飞机运行状态的有用信息。其中一些信息在现代飞行模拟器中可以实现，但仅限于配备平台运动系统的飞行模拟器。为了在训练和研究设备中推广使用，需要进一步研究其他更经济的模拟方式。

3.6 小　　结

　　全身运动通过前庭、触觉和本体感觉等多种感官系统向飞行员传递信息。在飞行模拟器中,提供全身运动刺激的主要方法是利用运动平台,典型的就是Stewart 运动平台。有人认为,这些运动平台提供的操纵运动信息可能对飞行员几乎没有价值。然而,干扰运动信息在飞行模拟器运动模拟中具有巨大的潜在价值,特别是当飞机或环境状态发生意外变化时,干扰运动信息是最直接的反馈信息。本章还讨论了运动平台的其他替代方案,并建议需要进一步研究它们在提供运动信息方面的效率。

第4章 操纵品质和操纵负荷

4.1 飞 机 控 制

飞机的操纵方式有3种:手动、半自动和自动。手动操纵即飞机的空速、高度、爬升或下降速率等状态参数都是由飞行员通过主操纵系统和辅助操纵系统直接控制的。主操纵系统包括舵柄(或操纵杆)、方向舵、油门等。其中,舵柄可以用来改变飞机的俯仰和滚转,方向舵用于控制飞机的偏航,油门用于控制飞机的推力。辅助操纵系统包括襟翼、升降舵副翼配平和制动系统等,其中襟翼和相关装置可以用来控制机翼的升力特性,升降舵、副翼配平和制动系统通常用于地面操作。

飞行员的手动操纵方式可进一步分为闭环控制和开环控制。当飞行员必须连续采取操纵行为来响应连续的反馈信号时,就会发生闭环控制,这种情况主要发生在主操纵系统中。例如,飞行员通过调整飞机的俯仰姿态和推力从而保持特定的爬升速率或恒定的航向。根据视景或飞机仪表的反馈信息,飞行员会调整控制输入,进而又会产生不同的响应,这种对不断变化的信息采取的连续的控制和调整形成了一个闭环。相反,在开环控制中,飞行员可以将某个操纵信息设置为规定值,从而不必再进行连续的控制和调整。飞行员在起飞时设置起飞配平和起飞功率值就是开环控制的典型例子。模拟飞机操纵特性的复杂性主要集中在闭环控制方式上,在这种情况下,必须对操纵状态进行准确模拟。

4.2 自动飞行控制

无论采用闭环控制还是开环控制,飞行员的最终目的都是使飞机达到某一特定的姿态、空速、爬升或下降速率或高度。随着现代计算机技术的发展,几乎所有的手动操纵任务如今都实现了自动化。大多数飞机(包括小型通用航空飞机)现在至少能实现部分飞机状态参数的自动控制。半自动控制系统通常仅限于通过提供一些主控输入来维持飞机空速、高度、航向的控制,这些主控输入本是飞行员职责的一部分。这些"自动驾驶仪"虽然替代了飞行员在执行飞机主控任务时所需的大部分人工工作,但许多辅助操纵任务仍然存在。此外,这些半自动控制系统既不能用于接管更复杂的飞行管理任务(如导航),也不能在没有飞行员干预的情况下自主降落飞机。

现在许多民用和军用飞机都引入了全自动系统,这在很大程度上取代了飞行员对飞机的主操纵和辅助操纵。此外,通过使用先进的飞行管理系统(flight management system, FMS),飞行员的导航任务也被大大缩减甚至取消。除了极个别情况外,这些自动化系统能够在没有任何飞行员干预的情况下完成飞行的所有阶段,显著提高了飞机的操纵效率。然而从另一个方面来说,由于这些自动化系统正在取代飞机对飞行员手动操纵的需求,如果飞行员不进行定期培训,他们的手动操纵技能将随着时间的推移而趋于退化。因此,飞行模拟器在保持飞行员手动操纵技能方面将发挥了越来越重要的作用。对特定的手动操作技能定期安排进修培训已经成为商业航空公司飞行模拟器培训的一部分,这对于飞行员保持飞行关键技能(如起飞和着陆)尤其重要,同时也对飞行模拟器操纵特性的逼真度提出了更高要求。

4.3 操 纵 模 拟

在飞行模拟器中应用手动操纵技能的前提是飞行模拟器能够像实装飞机那样对飞行员的输入进行响应。简单的操纵负荷系统如图 4.1 所示。图 4.1 展示了飞行模拟器在模拟主操纵(如操纵杆或方向舵)时是如何重建必要的控制反馈回路的。当飞行员在实装飞机上启动控制输入时，飞机的控制结构在执行时会产生一个反作用力。操纵小型飞机时，飞行员的输入会作用于一系列电缆、滑轮和杠杆，从而移动机翼和尾翼部分的操纵面。当飞机处于停放或低速运动状态时，在这些控制面上没有空气动力作用，此时飞行员的操纵负荷被称为是静态的。由于此时控制面上的负荷不会发生动态变化，因此模拟静态操纵负荷不需要空气动力学或其他复杂的建模。在飞行模拟器中，这种类型的操纵负荷通常可以由相对简单的无源系统来模拟，包括连接到操纵装置的重型弹簧、配重或摩擦装置，这些操作负荷系统可以为飞行员提供一些近似于操纵实装飞机时的"感觉"。

　　图4.1为一个简单的操纵负荷系统，它可以为飞行员的操纵输入提供反作用力。在该系统中，对操纵杆在滚转和俯仰方向上的操纵分别对应飞机副翼和升降舵控制面上的力。在本例中，双轴控制系统提供了两组操纵负荷系统，这是由于模拟各个控制面（副翼和升降舵）运动所需的力具有不同的特性，因此需要两组不同的力。由于操纵位移的效果会随飞机的空速不断变化，因此在飞行模拟器中操作时，必须要有两个独立的位置传感器来检测操纵装置的位移，这两个位置传感器一个用于副翼，另一个用于升降舵。随着飞机速度的增加，飞机的操纵面对操纵输入变得更加敏感，因此相同量的操纵位移在高速情况下对飞机产生的影响比在低速情况下大得多。

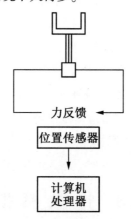

图4.1　简单的操纵负荷系统

　　综上所述，即使用的是高度简化后的操纵负荷系统，飞行模拟器仍然可以对操纵位移量做出正确的响应。这是因为计算机处理器可以根据飞行模拟器的飞行操纵模型来放大或缩小操纵输入信号。

采用简单的操纵负荷系统,无论飞机状态或其他条件如何,飞行员实现相同位移量所需的力都保持不变。这是因为无论模拟飞行条件如何,操纵负荷装置的基本特性都是一样的。

许多飞行训练设备会使用某种简化形式的操纵负荷装置。最常见的就是使用重型弹簧来提供对飞行员操纵输入的阻抗力。随着操纵装置位移量的增加,当弹簧达到完全伸展时,附加位移所需的力也会增加。这种基于弹簧的系统有时也称为"弹簧定心"系统,是操纵负荷的一种低成本的解决方案。无论何种系统,至少应提供飞机参考操纵力值误差 10% 以内的力,从而避免飞行员在飞行模拟器和实装飞机上感知的操纵负荷差距过大(Biggs 和 Srinivasan,2002年),否则会影响飞行员操纵技能的迁移。

近年来,随着用处理器控制的电子发动机反馈系统的出现,操纵负荷方案得到了进一步完善。发动机通过齿轮或皮带提供力反馈,这些齿轮和皮带将扭矩力传递给飞行员,其原理类似于前文所述的操纵杆控制装置。在用处理器控制的电子发动机力反馈系统中,每个操纵轴单独提供一个发动机,均由微处理器控制。这种类型的力反馈系统的优点在于它可以对反馈系统进行主动控制。该系统不仅可以根据变化的飞行条件动态调整力反馈水平,而且即使没有飞行员操纵输入,系统也可以将力施加给操纵装置,从而让飞行员通过操纵装置本身感受到湍流或跑道异常。由于其成本低且操纵负荷更加灵活,使用微处理器控制的力反馈系统在飞行训练设备中应用得越来越广泛。

用于训练和研究的更先进的飞行模拟器其操纵负荷系统往往也更加复杂。开发这些系统是为了提供更真实的操纵力信息,从而提供更真实的飞机操纵特性。为此,先进的操纵负荷系统往往采用的是更复杂的液压和静电力控制系统,以及强大的计算机处理器和软件建模。图 4.2 为 NASA 垂直运动模拟器的液压操纵负荷系统。在该图中可以发现一些简单的操纵负荷系统不具备的特征,包括检测和测量飞行员实际施加到操纵系统中的力,以及操纵件的绝对位移和位移速度。

液压控制系统之所以复杂是因为它们要对飞行员操纵系统施加足够大的力。如图 4.3 所示,这是 NASA VMS 中使用的液压控制舵踏板,连接在踏板底座上的是重型液压活塞,如果需要的话,这些活塞产生的力可以轻松地满足飞行员的操纵输入。

液压操纵负荷系统的发展开启了飞行模拟器操纵负荷更逼真、更动态的时代。其中,动态操纵负荷意味着可以改变操纵力的模拟,从而逼真地模拟飞行条件的变化,包括因系统故障(如液压泄漏)引起的操纵力变化、因机翼和控制面结冰引起的操纵感觉变化,以及可能影响操纵感觉的其他事件,进而提高飞机操纵特性的模拟逼真度。同时,这也拓宽了飞行模拟器的用途,使其不仅可以用于高级飞行训练,而且可以用于在安全的地面环境中评估新飞机的操纵品质。

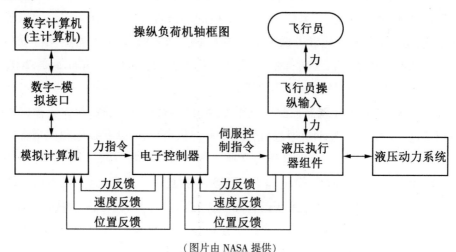

(图片由 NASA 提供)

图 4.2　NASA 垂直运动模拟器的液压操纵负荷系统

(图片由 NASA 提供)

图 4.3　NASA VMS 中使用的液压控制舵踏板

越来越多更复杂和更逼真的操纵负荷系统将应用到成本更低的飞行训练设备中,为了减少购买和经常性维护成本,未来的研发重心仍是电动负荷装置,因此,这些系统将日益依赖微处理器来测量和响应飞行员的操纵输入。

尽管模拟技术有所进步,我们也了解了飞行员是如何对操纵力做出反应的,但对飞行模拟器操纵品质的感知在很大程度上仍然是一种主观判断。飞行模拟器的操纵品质究竟如何还必须由飞行模拟器操纵经验更为丰富的飞行员进行评估。正式的评分系统(如 CooperHarper 评分系统)(Cooper 和 Harper,1969 年)是飞行模拟器操纵品质评估的重要组成部分,应作为评估飞行模拟器操纵特性感知逼真度的手段之一。

4.4   本体感觉信息和触觉信息

事实上,模拟飞行操纵并不只是对操纵力的再现和重建。虽然从飞行员那里获得正确的手动操纵响应很重要,但这些与操纵杆输入相关的总体的感知-运动操纵反馈只是操纵模拟的一部分。本体感觉(动觉)和触觉(触摸)反馈都属于飞行员操纵行为,本体感觉(动觉)反馈是由于在操纵系统运行期间四肢和关节位置发生变化而产生的,包括主操纵、辅助操纵及对其他仪表的切换和控制。

大多数本体感觉信息与缺乏视觉或其他感官反馈有关。例如,飞行员在目视飞行操纵期间,大多数的动力操纵通常在没有视觉参考操纵位置的情况下执行。操纵装置(如油门杆或襟翼手柄)的运动,通常取决于本体感觉反馈。因此,飞行模拟器中这些操纵装置的设计及其位置应与实装飞机紧密对应。虽然本体感觉的准确性取决于运动方向与身体中线的距离,但仅通过本体感觉就能很容易地辨别出 1 cm 左右的操纵位置差异(Brown、Knauft 和 Rosenbaum,1947年)。

除了本体感觉信息外,飞行员还将使用触觉来辨别操纵状况和其他决定性特征,尤其是当飞行员的视觉被占用的情况下。通常,飞机发动机、襟翼、起落架和其他操纵杆都具有不同形状、大小甚至表面纹理的控制旋钮,以帮助飞行员识别触摸。在飞行模拟器中同样也要再现这些特定的形状和纹理,避免飞行员只能通过视觉对旋钮进行区分。如果飞行模拟器未能提供这些触觉信息,会给飞行员增加许多不必要的视觉工作量,并可能会使他们养成不利于实际飞行的操纵习惯。

对于被动式操纵模拟，飞行模拟器设计者需要再现操纵装置的位置、大小和形状，通过直接使用飞机的操纵部件或仿制就可以轻松地解决这个问题。但对于主动式操纵模拟来说（如前面所述的操纵负荷），要进行真实模拟的技术挑战可能是相当大的，尤其是对触觉（如振动或压力）的模拟，因为这些感觉可能是通过飞行员与操纵装置或其他座舱部件的互动产生的。直到近期，能够实现模拟功能的主动触觉接口才被开发出来并被用于医疗培训（如外科手术等），为操纵远程机器人提供足够灵敏的触觉反馈。从这些应用中获得的经验应该有助于设计者提高飞行模拟器中触觉模拟的逼真度。

触觉对于感知皮肤表面的压力非常重要。这些压力来自各种运动力（包括振动和重力），并通过操纵面和座椅传递给飞行员。受影响的身体部位不同，飞行员感受到的压力敏感度也会不同。例如，与下背部相比，手指和手对压力的敏感度明显更高。在 250 Hz 下，仅需要施加产生 0.1 mm 压痕的压力，就可以在中指指尖检测到振动感，而臀部区域却需要产生 30 mm 压痕的压力（Sherrick 和 Chulewiak，1986 年）。与振动刺激的感觉一样，为了在较低的频率上引起飞行员身体的反应，需要更大的压力。例如，在对中指施加 10 Hz 的振动时，需要 10 mm 压痕的压力才能被检测到。此外，与飞行员的下半身相比，在指尖产生振动感所需的刺激表面积要小得多。在飞行模拟器中向飞行员下半身施加振动的唯一优点是，该区域与座椅持续接触，而手指和手部区域可能只是偶尔与操纵装置（如操纵杆）接触，这种情况在具有自动飞行操纵系统的飞机上表现得更为突出。在某些飞行状态下，特别是在使用自动驾驶仪时，飞行员只是偶尔或者基本不会触摸操纵装置，因此通过座椅提供振动触觉刺激在这一方面可能会更有效。

无论最终使用何种方式模拟振动触觉或压力感，都会影响所采用的模拟技术的类型。当然，运动平台可以向整个飞行模拟器驾驶室提供高频振动。这种方式最直截了当，但如果仅依靠运动平台，那么成本会非常高。如果只需要向特定区域提供高频、低振幅的振动，则操纵负荷装置、座椅振动装置和其他类似设备会更具成本效益。

4.5　飞行模拟器响应过程和操纵延迟

飞行模拟器是一种复杂的地面设备,它主要用于为飞行员创造一个合成的、逼真的飞行环境,这就需要开发复杂的电气和机电系统用来处理和操纵模拟的各个组件。显然,系统需要一定的时间来完成其响应过程和操纵周期,这些延迟可能会给仿真环境引入假象。如果用实装飞机响应的方式来评估飞行模拟器的响应能力,那么这些响应过程和操纵延迟可能会严重影响飞行模拟器对飞行员操纵输入的响应。如果延迟过多,当飞行员将操纵行为转移到实装飞机上时可能是非常不合适的,甚至是危险的。要注意的是,飞行模拟器的响应过程和操纵延迟不同于飞机操纵中产生的传输延迟。比如,仪表对飞行员操纵输入的响应延迟就属于传输延迟,这是飞机正常运行的一部分。这里讨论的响应过程和操纵延迟是飞行模拟器可能会添加到正常飞机传输延迟中的假象。

响应过程和操纵延迟可能发生在各种飞行模拟器组件中,包括视景仿真系统、运动平台、操纵负荷或仪表显示。在过去,大多数飞行模拟器都会发生响应过程和控制延迟,因为旧的计算机处理器根本不具备在短时间内处理大量数据的能力。由此产生的飞行模拟器响应过程和操纵延迟不仅给飞行模拟器设计者带来了各种问题,也给那些必须适应飞行模拟器特殊行为的飞行员带来了各种各样的问题。如今,计算机处理器的运行速度大大加快,新型的飞行模拟器解决了大多数比较严重的响应过程和操纵延迟问题,但由于电子或机电部件的固有限制,一些传输延迟仍然存在。

目前,人们最关心的问题在于视景显示更新的响应过程和操纵延迟,这主要是由于超高分辨率的图像生成和显示系统对计算系统提出了更高的要求。一般来说,低于 50 ms 的视觉显示更新率不成问题,因为这个水平的延迟通常超出了人类感知水平。50~80 ms 的延迟通常也没那么严重,除非是那些需要飞行员高度主控的系统(如直升机的手动飞行控制系统)(Wildzunas、Barron 和 Wiley,1996 年)。80 ms 以上的延迟会为模拟环境引入操纵品质假象,所以在实际中应尽量避免出现此类情况(Jennings、Craig、Reid 和 Kruk,2000 年;Levison、Lancrafi 和 Junker,1979 年)。

4.6　小　　结

　　对飞机操纵特性的模拟从一开始就是飞行模拟器设计者需要面对的挑战。简单的操纵负荷系统只是向操纵输入提供阻力，随后发展成更复杂和精密的系统，用来持续监测操纵负荷并对飞行员的输入进行反馈。这样的系统还可以提供其他飞行信息，例如，与各种飞机和环境条件相关的低幅、高频振动。新型的力反馈系统采用的是微处理器和电子扭矩发动机，不仅成本更低，而且可以提供更高逼真度的操纵特性，最终将得到普遍使用。

第5章 认知逼真度与飞行模拟器任务环境

5.1 引　言

在前几章中,对视景、全身运动、操纵负荷、声音等相关现象的模拟进行了较为详细的讨论。用一种类似于飞行员在飞机上真实体验的方式来刺激飞行员的感觉系统,也许是大多数人认为的"真实"模拟的本质。然而,在分析飞行员这种感官刺激的需求时,可能越来越明显地感受到现代飞行模拟器中的许多东西往往是不必要的。飞行员实际上只需要视景中的一些特定元素就能完成飞行任务。虽然飞机能够进行高度复杂的运动,但飞行员只能使用一小部分运动信息。许多类似的例子都说明飞行员在执行任务期间需要对运动信息进行主动选择。满足飞行员或机组人员完成不同任务的需求才是飞行模拟器设计的真正本质。除了提供感官刺激外,飞行模拟器的另一个发展趋势是对任务环境的模拟,用于飞行员练习复杂的认知技能。

认知和认知处理是指各种高级的心理功能,如记忆、注意力和符号推理等,这些个体认知过程往往对飞行员的心理能力提出了更高的要求,依靠认知形成的飞行技能被归类为认知技能。飞行员的认知能力在飞行技能中占有很大比例,如负载管理、制订计划、通信交流、问题解决和决策制定等都属于认知能力的范畴。与飞行员通过后天训练得到的感知运动技能不同的是,多种认知技能不能同时进行。例如,无论飞行员应用单独技能时多么熟练,都很难同时完成对导航计算机进行编程、心算燃料的剩余量、与 ATC 协调新路线,并且,从飞行员的经验水平来看,这些活动需要飞行员大量的脑力资源,给飞行员的脑力带来沉重的负担。随着飞机和空域系统变得更加复杂和严格,飞行员认知技能的发展将在航空安全中发挥越来越重要的作用。

　　为了满足飞行员认知技能发展的需要,飞行模拟环境不仅要提高视景模拟和操纵品质等方面的逼真度,还要有利于认知技能的训练和评估。换句话说,飞行模拟器不仅需要高度的感知逼真度,还需要高度的认知逼真度。模拟环境的认知逼真度源自飞行模拟器设计和任务环境设计两个方面,飞行员和飞行模拟器都必须在该任务环境下执行操作。

5.2　认知过程和认知技能

　　为了说明认知过程在飞行模拟环境设计中发挥的作用,需要对认知过程进行更详细的研究。认知过程是飞行员自发的高级心理过程,如对注意力和记忆的控制,以及对信息的操纵或处理,从而完成特定任务。其中,注意力分配是一种特殊的心理资源分配的过程,它可能是自发的,也有可能不是。虽然飞行员不能同时处理多个任务,但可以同时处理来自多个渠道的信息(Atkinson 和 Shiffrin,1968 年),前提是其中一些信息处理可以在无意识状态下完成。

　　注意力分配是飞行员必须培养的关键技能之一,这种技能有时也被称为"多任务处理"能力,即在要求高且时间有限的环境中完成既定任务。有经验的飞行员可以完成常规的认知任务(如协调转弯),而不会因为这个任务而干扰已经习得的感知运动技能。由于许多感知运动技能仍需要有意识的关注,所以刚入行的飞行员很容易被各种信息处理需求压垮。当一些基本的飞行任务(如协调转弯)形成肌肉记忆时,飞行员对认知资源的需求就会少得多。随后,其他的认知任务(如无线电通信)会变得更容易完成,也不会干扰已经掌握熟练的感知任务。有经验的飞行员可以将注意力进行最有效的分配,但刚入行的飞行员需要大量的培训和指导才能达到。其中许多技能在如今的飞行员培训机构中被称为资源管理技能。心理负荷评定通常用于评估飞行员在给定任务环境中对可用资源的利用程度(Hart 和 Staveland,1988 年),这些指标可以用来衡量飞行模拟器任务环境在脑力和体力上与实际飞行环境的可比性。

　　飞行员通常用到的另一个认知过程是从记忆中存储和检索信息。人类的记忆过程通常分为工作记忆和长期记忆。工作记忆,顾名思义,是在将信息传递到长期记忆或从中检索信息的过程中,被用作中间点。最常见的例子是飞行员对紧急检查表的记忆。由于某些紧急情况(如发动机出现故障)下需要立即采取行动,因此最开始来不及使用纸质或电子检查表。此时,飞行员通过记忆中的检查清单就不会延误对紧急情况的处置。这些记忆项从长期记忆中被检索出来,并放入飞行员的工作记忆中,用于在紧急情况下指导飞行员的行动。因为工作记忆的容量非常有限,所以飞行员通常只需要记住 4~5 个步骤即可。工作记忆也会受到来自其他来源(如机组或 ATC 通信)信息的干扰。这些干扰源可能导致记忆出现错误或遗漏。一般来说,来自其他来源的信息与飞行员工作记忆中的信息越相似,干扰的可能性就越大。

虽然长期记忆有无限存储容量,但它也容易出错。例如,如果飞行员定期驾驶几架不同的飞机,在发动机故障时检索到的记忆项可能不适合用于在当前紧急情况下正在驾驶的飞机。与其说长期记忆检索是检索记录的时间,不如说是一个构建过程,因为飞行员可能会用当时看起来合乎逻辑的信息来填充缺失的细节,这种情况通常发生在经常重复执行的任务上。在 ATC 进行导航或放行时,如果缺少或更改信息,飞行员会自动"补充"逻辑上满足条件或以前多次给出的信息。因此,每当飞行员或机组人员需要"理解"当前的情况或信息时,这种现实的"构建"就可能发生。对过去曾发生的类似事件的长期记忆的依赖是一种合理的适应性策略,但有可能并不适合当前的情况。

为了最大限度地减少操作失误和事故,大多数飞行任务都进行了程序化处理。通过制定检查清单和程序手册,尽量去涵盖所有可能发生的正常或异常的事件。然而,飞行员遇到的每一个事件或情况并不都是可以预测的。问题解决能力是飞行员解决异常情况时要用到的一系列认知技能,包括判断和确定问题的优先级,测试备选方案,以及应用风险管理策略来判断预期结果。对资源和机组人员进行有效的管理也是解决问题的一部分。

就常用的认知过程而言,决策制定与问题解决密切相关。决策制定要求飞行员在一系列信息不完整的备选方案中做出选择。不确定条件下的决策在很大程度上取决于飞行员对当前或预测条件会造成的影响的了解,常见的处理方式是前往备降机场。备降通常是由于天气或飞机设备出现故障,使在计划目的地着陆的尝试可能发生危险。执行这种决定需要飞行员收集和评估各个来源的信息,其中一些信息(如天气)可能会随时发生变化,而像燃料消耗率之类的信息需要时间和精力来查询或计算。

为了使模拟环境具有较高的认知逼真度,设计者和用户必须对飞行员的操作任务环境有一个清晰的了解。根据飞行员接受培训或评估的飞机操作类型,任务环境可能存在很大差异。因此，即使是同一机型的模拟，也可能因环境的不同而有很大差异。

5.3　模拟任务环境

设计飞行模拟器时主要关注的是飞行员的感知能力，而飞行任务更关注的是飞行员的认知技能和过程，这就需要为其应用创建一个任务环境。飞行模拟器历来都是以重现飞机环境的物理操作特性所需的刺激为设计宗旨，包括逼真地再现飞行员从座舱窗口看到的视景、飞机的操纵感觉、与飞行相关的动作及座舱的其他物理特征（如仪表显示等）。这种物理逼真度强调的是飞行模拟器设备对飞机座舱环境进行物理再现的能力，即飞行模拟器在物理上对实装飞机的还原越准确，逼真度就越高。

然而，对座舱的物理再现只是评价飞行模拟器质量和效率的一个方面，真正重要的还是对环境的感知，即飞行模拟器的感知逼真度。从这个方面来说，重要的是飞行员在飞行模拟器中的体验。无论操纵负荷系统采用什么方式来还原操纵感觉，只要飞行员在飞行模拟器中体验到的操纵感觉与实装飞机一致，那么模拟就是成功的。

认知逼真度只是感知逼真度的概念在高级心理过程中的延伸。飞行模拟器认知逼真度的衡量标准是其提供必要的任务环境的能力，从而使飞行员能够像操纵实装飞机一样运用他们的认知技能。例如，基本的仪表飞行训练是许多飞行模拟器都可以满足的一项常见的训练任务。在大多数情况下，仪表训练器就足以提供飞行员在训练仪表飞行技能时所需的大部分（如果不是全部的话）感知逼真度。但是，它们可能无法提供必要的任务环境来完成与仪表飞行有关的认知技能的培训和评估。Lee（2003年）的无线电通信研究表明，没有逼真的ATC通信模拟的飞行模拟器所提供的心理负荷水平明显低于实际操纵环境，并且可能导致飞行员做出不当行为。对早期飞行模拟器的研究发现，它们的任务环境更加注重的是手动飞行技能的培训，而忽略了机组人员和资源管理技能（Ruffell-Smith，1979年）的培训。这些研究推动了面向航线模拟（line-oriented simulations，LOS）的发展，即通过增强任务环境来提高商业航空公司飞行员的培训效果，其中包括面向航线的飞行训练（line-oriented flight training，LOFT）方案等。这些 LOS 环境特别适合开发和评估飞行员的认知技能,包括任务管理策略、机组人员资源管理及问题解决和决策制定等。

5.4　认知逼真度与模拟器设计

当然,没有必要使所有飞行模拟器都能够创建完全真实的 LOS 环境,以提供高度的认知保真度,必要的是飞行模拟器提供操作任务环境的基本组件,这些组件是锻炼给定的认知技能或一组认知技能必需的。认知任务分析(cognitive task analysis,CTA)可以识别特定飞行任务中涉及的认知过程。实施 CTA 方法超出了本书的范围,但在其他地方有所介绍(见 Schraagen、Chipman 和 Shalin,2000 年)。如何完成此类分析及它们是如何影响飞行模拟器设计的案例将在以下章节中进行阐述。

5.4.1　CTA:仪表精确进近

与其他的任务分析方法一样,CTA 方法也是将任务分解为更简单的元素,从而揭示任务所涉及的认知功能和过程。这些分析应涵盖所有相关的飞行任务,包括机组人员资源管理(在适用的前提下)、特定飞机类型或类别,以及所有相关的操作环境。机组成员、自动化、天气和其他操作因素都会对飞行任务的性质、复杂性及所涉及的认知过程产生影响。例如,在没有任何自动化的小型飞机上,单飞行员在仪表飞行规则(instrument flight rules,IFR)条件下飞行是民航中最困难的任务之一,因为这对飞行员的脑力负荷提出了很高的要求。

表 5.1 列出了单飞行员在巡航、下降和进近阶段需要完成的一些主要任务。整个过程中出现频率最高的认知活动是将注意力分配到不同的任务中。飞行员必须学会一些必要的技能以便将认知资源进行有效的分配,从而最大限度地减少跨任务的错误。对于特定飞机来说,如何做到这一点可能会有很大的差异,这取决于飞机的操纵特性、可用的航空电子设备和自动化、仪表进近类型和天气状况。

在表 5.1 中,第二个常见的认知任务是持续监控飞机状态参数和无线电通信频率。同样,监控飞机速度、高度和其他参数等任务的难度也会因自动化程度和前面提到的其他因素而有所不同。监控包括将飞行器状态参数与所需的目标参数进行比较的过程。目标参数通常存储在飞行员的工作记忆中,同时仪表上附加有提醒装置(例如空速错误),或者可以通过其他方式显示在仪表板上进行辅助提示。在整个飞行过程中,对无线电通信的监测也要持续进行,以确保及时接收 ATC 指令和许可。飞机或自有通信的 ATC 指令必须与其他交通通信保持在相同频率上,与其他交通通信监测活动相比,飞机和 ATC 之间的自有通信只需要消耗飞行员的一小部分认知资源。

表 5.1　单飞行员巡舱、下降、进近阶段需要完成的一些主要任务

	任务	认知过程
巡航	−规划/准备 −监控飞机状态参数 −监控/处理无线电通信	−长期/工作记忆 −注意力分配 −工作记忆及注意力分配
下降	−监控/校正飞机状态参数 −监控/处理 ATC 无线电通信 −航站楼区域信息的广播通信监控 −机场改道决策	−注意力分配 −工作记忆及注意力分配 −注意力分配 −长期/工作记忆 −决策
进近	−监控/校正飞机状态参数 −监控 ATC 指令通信 −审查进近程序 −继续/中止进近 −机场改道决策	−注意力分配及工作记忆 −注意力分配 −长期/工作记忆 −决策 −决策

　　一些规划和准备活动通常在巡航后期及在飞行的进近阶段进行。规划是为了审查进近程序,包括进近最小值和复飞程序,在这之间要对进近、图表信息及目的地机场的天气信息进行详细分析。从长期记忆中检索如何进行仪表进近的程序性知识就发生在这个阶段,包括临界值、个人进近最小值的信息等。在进近初期也会进行类似的活动,即对程序和进近最低要求进行审查。

　　决策可能发生在整个飞行过程中,也可能发生在飞行之前,这些决策事件中最重要的是改道决策。改道决策过程通常发生在接近目的地机场期间,也有可能发生在飞行的更早阶段。与所有其他任务一样,改道决策会显著增加飞行

员的脑力负荷,它不仅包括从预定目的地机场改道的决定,也包括潜在的对备选机场(如果不止一个机场可用)的确定。决策是最复杂的认知任务之一,因为它涉及对多个来源的信息进行收集和权衡,比如,根据正在进行的飞行任务要对天气、跑道和机场设施、可用燃料和其他信息进行实时分析。权衡信息的重要性、价值甚至可靠性,会给飞行员的工作记忆及其他可能需要的认知资源造成相当大的压力。

这里只是粗略地列出一些认知功能,仅是为了说明定义飞行模拟器任务环境可能涉及的情况。然而,虽然对视景感知逼真度的要求相对简单,但是对飞行模拟器任务环境要具备的认知保真度就不止如此了。为了确定飞行模拟器的相对认知逼真度,需要一些可靠的方法和指标,其中一种方法是分析飞行模拟器以与操作环境相当的形式和时间传递所需信息的能力,这意味着飞行模拟器必须增强创建逼真的信息环境的能力。

5.4.2　模拟信息环境

飞行模拟器任务环境的认知逼真度意味着该环境必须支持飞行员或机组人员的认知技能和过程,其方法和水平与操作环境中的经历相当。这一要求的必然结果是,在飞行模拟器任务环境中不会发生非常规认知活动,从而避免飞行员在飞行模拟器中养成一些特定的补偿技能。

认知活动可以被视为信息处理活动,其中信息的可用性、时间和格式对认知活动的执行方式具有直接、显著的影响。决策要求飞行员通常在现实环境中可获得的信息也能在模拟环境中获得。例如,改道决策需要关于天气、可用燃料和消耗率、机场设施、跑道最小视距、复飞程序和其他方面的信息。决策过程中涉及的部分认知技能需要高效利用各种飞机和地面资源,以便飞行员及时获得所需的信息。模拟环境必须通过重建与现实环境相当的信息环境,才能有机会实施这些资源管理活动,这种信息环境的性质将取决于被模拟的机型及飞机的作业类型。例如,电子信息系统在某些飞机环境中占主导地位,而其他的机型仍然依赖于纸质信息。相比之下,前者很明显会影响计划和决策的速度及效率。同时,地面资源也会大大影响飞行员发展和使用认知技能的方式。通过纸质方式提交给飞行员的 ATC 许可和航站楼信息与处理无线电通信的过程是不同的。为了在模拟环境中尽可能实现较高的认知逼真度,信息传递的方式要和实操环境中的保持一致,从而确保飞行员或机组人员在飞行模拟器中进行类似的认知活动。

信息传递的时间及更新的速率对模拟环境的认知逼真度也有影响。由于操纵环境本质上是动态的，因此相关的环境信息随时可能发生变化。例如，飞机状态参数（如航向和航速）会因飞机在大气层中受到的干扰而不断变化。因此对信息传递时间和更新的速率的掌握会对飞行员的认知活动产生深远的影响。对某些飞机来说，气象信息的更新完全依赖于无线电通信，反过来，无线电通信又取决于飞机是否在广播天线范围内。此外，广播天气和航站楼信息的更新速率因所用系统不同而产生差异。对于其他飞机来说，通过卫星提供的数字数据链路完全消除了在广播电台范围内的问题。与其他方式相比，信息更新能够以更高的速率，并且在飞行中可以更早地获取可用信息。

ATC 通信的传递也会影响飞行员的认知活动。从 ATC 到飞机的通信可以发生在任意时刻，当然也包括飞行员或机组人员可能正忙于其他任务时，这显然会极大地影响机组人员的工作量和规划活动，以及空中交通管制资源的使用方式（Lee，2003 年）。ATC 通信模拟需要与实际操纵环境中 ATC 通信的速率相当，以确保飞行员可以执行相同水平的监控活动。决策也将受到从 ATC 收到信息的时间的影响。比如，机场交通造成的延误信息可能会影响改道决策，天气信息可能会影响路线决策。

现行的法规要求反映出人们广泛持有的一种相对狭隘的观点，即认为飞机模拟器仅仅是飞机的地面替代品，很少有人会考虑飞机操纵环境的作用。为了突出认知逼真度在飞行模拟器设计中的重要性，必须更加重视对飞行员高级认知任务的理解。最近，商业航空公司飞行员培训已经认识到这些任务的重要性，并制定了相应的培训方案，就是为了突出 LOS 培训的重要性。商业航空公司和军事 LOS 训练模拟的目标是尽可能详细地复制航线的操纵环境，从而帮助机组人员打好基础，并提高认知逼真度。这样的任务环境要求机组人员在分配注意力、解决问题、做出决策、传达和保留信息方面都要与在实装环境中一样，因此未来飞行模拟环境的开发者需要将飞行模拟器的这种新用途纳入他们新的模拟系统计划中。利用飞行模拟器开发和评估面向航线的飞行技能时，不仅要对飞行员的认知任务有深入的了解，还要清楚地掌握飞机运行中日益复杂的信息环境。

5.4.3　模拟高级信息系统

还原飞行员和机组人员所处的信息环境是为了获取更高水平的认知逼真

度。还原信息环境意味着不仅再现信息内容,还意味着再现飞机的信息传输和显示特性。飞行员需要接收和处理各种来源的信息,这些来源不断地占据飞行员的注意力。除了前面讨论过的外部视景、操纵系统反馈、飞机运动和声音效果外,飞行员还可以从飞机仪表、电子和纸质图表文件、其他机组人员和地面通信中接收信息。在现代飞机操纵中,航空电子和地面信息源(包括无线电和数字数据链通信)比以往任何时候都重要。

现在驾驶舱里有大量的仪器设备需要精确模拟,不仅是为了简单地提高物理逼真度,也是为了让飞行员能够开发注意力分配策略和工作量管理技能,这对现代飞机的操纵至关重要。为了在飞行模拟器中达到理想的认知逼真度水平,飞行员的信息处理能力也是重要因素。

飞机在空域中用到的信息系统在座舱外也要以类似的方式运行,尤其是那些依赖地面导航的信息系统、传输大气和天气信息及空中和地面交通信息的系统尤其如此。例如,无线电导航设备的作用范围是有限的,并且可能被地形阻挡。飞机气象雷达可能因地面杂波而失效,或者可能缺乏有效的穿透能力。全球定位系统(global positioning system,GPS)导航容易因卫星传输问题而出现故障,在某些情况下也会出现精度问题。在飞行模拟器环境中,还原这些系统特性是希望飞行员能开发出相应的策略和技能,以便飞行员在实际飞行中可以正确处理这些问题。

前面一章提到,通信模拟仍然是所有模拟组件技术中落后的技术之一。如果飞行模拟器要达到较高的认知逼真度,通信模拟(尤其是 ATC 通信模拟)是必不可少的。与其他信息系统一样,任何形式的无线电通信模拟的内容、传输和显示特性必须与飞机的操纵环境相对应。对于 ATC 通信,这意味着传输频率、传输内容及其清晰度和可理解性需要再现实际的通信环境。上述所有因素都会影响通信的认知处理,因此在模拟设计过程中关注到这些细节是至关重要的。

5.5　小　　结

现代飞行模拟器能够为飞行员训练和评估提供较高水平的物理逼真度。随着飞行操纵自动化程度的日益提高,以及机组人员和信息资源管理技能的需要,飞行模拟器任务环境必须提供学习和评估认知技能(如决策、解决问题和工作量管理等)的条件。为了更好地模拟认知逼真度,需要清楚地了解飞行员所需的认知、感知和感知运动任务。此外,随着信息系统技术的进步,飞行模拟器也要以高水平的功能逼真度对这些系统进行整合。未来飞行模拟器任务环境设计中,面向航线的认知技能的培训将是重点研究方向。

第6章 飞行模拟器在飞行员训练和评估中的应用

现代飞行模拟器的起源可以追溯到 90 多年前,即 1929 年埃德温·林克 (Edwin Link)首次研发出的教练机。这台教练机有一套基本的仪表,但没有视觉显示,也没有早期的运动平台。在当时,航空业还处于起步阶段,因此教练机很难找到市场,而且它的设计主要集中在仪表飞行训练上,当时的仪表飞行训练充其量只是一项有限且非常危险的活动。林克的教练机和其他同类的教练机直到第二次世界大战前才开始大放异彩,那几年里快速培训大量飞行员成为共识,越来越多的人将地面训练作为军事飞行训练的补充手段。

第二次世界大战结束后,飞行模拟在很大程度上(尽管不完全)得到了发展,人们越来越意识到其在训练和评估飞行员方面的高效性、安全性和有效性。相比于实装飞机的成本,购买和操作飞行模拟器仅占其成本的一小部分,因此飞行模拟器培训理所当然成为飞行员实装训练的替代方案。此外,许多实装飞行中非常危险的机动动作(如发动机故障、侧风着陆等)都可以在飞行模拟器中进行训练,有效地提高了训练的安全性。通过发展在任何点上定位和重新定位模拟飞机的能力,飞行模拟器的训练效率也得到了提高。这意味着飞行员在给定的时间内可以多次练习给定的机动动作,提高了训练效率。对许多飞行任务来说,飞行模拟器已经成为一个比实装飞机更高效、更安全的训练平台。

基于以上原因,现代飞行模拟器已成为训练和评估飞行员及机组人员的首选设备。事实上,商业航空公司现在就是用飞行模拟器来完成所有的训练和大部分的评估工作的。军事飞行训练虽然不像航空公司那样关注经济因素,但在很大程度上也依赖飞行模拟器进行训练。例如,在飞行模拟器中进行空战训练现在已经司空见惯。涡轮螺旋桨飞机和喷气式飞机也越来越将飞行模拟器作为飞行员训练的主要手段。然而,娱乐性和其他非商业性通用航空仍然将飞机作为主要训练装备。

航空业不同领域,使用飞行模拟器的原因各不相同。飞行模拟器的成本包括购买、操作和维护、设施和人员培训等，算下来可能价值不菲。购买逼真度高的飞行模拟器需要花费数百万美元，每年的操作和维护也需要花费数十万美元。即使是没有运动平台或视觉显示的逼真度较低的飞行训练设备，其花费也会达到数十万美元。此外，对于具有全平台运动系统的大型飞行模拟器，还必须额外建造具有加固地基和一系列安全功能的特殊多层设施来容纳它们。

6.1 飞行模拟器训练效果

与飞机不同的是，飞行模拟器仅用于训练和评估飞行员，因此其投资的主要回报是通过减少或取消实装飞机的训练比例来实现的。与其他因素相比，用于实装训练的成本是选择飞行模拟器训练的决定性因素。

由于减少飞机运行是飞行模拟器的重要衡量指标，因此研究人员制定了一个计算节约成本的公式，即转化有效率(transfer effectiveness ratio，TER)，它是利用飞行模拟器节省下来的飞机训练时间来计算飞行模拟器的有效性的，具体如下(Roscoe，1980 年)：

$$TER = (A-AS)/S$$

式中 A——不使用飞行模拟器的飞机训练时间；

  AS——使用飞行模拟器的飞机训练时间；

  S——飞行模拟器训练时间。

例如，如果训练一组飞行员只使用飞机进行精密度仪器进近平均需要 20 h，而另一组飞行员在飞行模拟器中训练 5 h 后仅需要 10 h 飞机训练就可以达到相同的熟练程度，那么 TER 值就是 2.0。换句话说，在飞行模拟器中每训练 1 h，飞机训练时间就节省 2 h。负 TER 意味着存在负训练转移，即在飞行模拟器中训练会比实装飞机训练花费的时间更长。

正确利用 TER 是衡量飞行模拟器训练效果最可靠、最有效的方法。但是，在使用中必须注意正确的推导方式。例如，如果使用总的飞行模拟器时间来代替特定课目的训练时间，由于教员能够快速重新定位和重新配置飞行模拟器，飞行模拟器的有效性可能会被人为夸大。飞行模拟器的功能是在有限的训练时间内让教员为受训飞行员提供更多的学习机会，因此在实际用到的训练时间方面，飞行模拟器比飞机具有内在优势。然而从花在特定任务训练的时间而言,飞行模拟器实际上可能并不如飞机有效,因为它可能需要比飞机多重复几次任务才能达到训练效果。为了更好地利用 TER,不仅需要对飞行模拟器和飞机总的训练时间进行一次计算,还需要对任务时间(time on task,TOT)进行第二次计算,这样使飞行模拟器可以作为教学设备来评估其有效性,而不只是单纯的飞机的替代品。

虽然 TER 是衡量飞行模拟器训练有效性的重要指标,但由于培训技能迁移的研究成本较高,且存在大量后勤问题,因此很难通过实地研究来获得这些数据。在整个飞行模拟发展史上,关于训练技能迁移的研究一共只有几十项。也正是这个原因,目前使用的许多飞行模拟器根本没有相关数据支撑 TER 计算。例如,在商业航空公司培训中,并未对常用的 FFS 系统进行过技能迁移的研究,因此无法获得这些装备的 TER 数据。

尽管在数据收集方面存在障碍,但研究者们通过努力已经做了一些关于评估飞行模拟器在技能迁移方面的研究。对这些研究进行复查是有必要的,因为它们提供了一些关于飞行模拟器训练效果的定量数据,从而对节省的飞机训练时间做出了有力支撑。如果可能的话,应从原始研究中获取真实 TERs(前提是可用)。

6.2　用于初级培训的飞行模拟器

初级或刚入门的培训是飞行员培养过程的第一步。初级培训主要通过驾驶舱外的视景信息,向飞行员介绍飞行的基本知识。虽然使用基本的仪表(如空速、高度和航向指示器)非常重要,但是使用视觉信息来实现基本的操纵是必不可少的。这意味着训练设备需要提供足够逼真的外部视景显示,以便训练基本的目视飞行技能(如进近和着陆)。由于高质量的视景模拟是相对较新的现象,所以为训练基本视觉而设计的设备的训练效果也只是最近才开始得到评估。

伊利诺伊大学对初级训练装备进行了最早的技能迁移评估(Lintern、Roscoe、Koonce 和 Segal,1990 年)。该评估使用的飞行模拟器为固定地基的小型飞机教练机,配备单通道彩色视觉显示器(水平 26.3°×垂直 19.5°),培训对象为没有飞行经验的学员,使其先熟练掌握飞行模拟器,然后再进行实装训练。研究结果显示，与未接受飞行模拟器培训的学员相比，接受飞行模拟器培训的学员每人平均节省了 9.8 个架次的着陆训练，相当于飞行模拟器中每训练 2 h 就节省 1.5 h 的实装训练时间，TER 为 0.75。

最近，一项对流行的微软飞行模拟器（4.0 版）个人电脑（PC）游戏程序进行的研究也发现，使用该程序可以实现正向的目视飞行技能训练迁移（Dennis and Harris，1998 年）。该程序采用了单通道彩色视景显示（水平 45°×垂直 28°），学员要在其中进行 1 h 的直行、水平和协调转弯训练。训练结束后，学员会在飞机上接受评估。与之前的研究一样，使用的目标飞机是小型的单引擎教练机，研究结果显示接受过飞行模拟器培训的学员在飞机上的表现明显更好。

这两个研究表明，只要飞行模拟器能够维持最低水平的感知逼真度，即使物理逼真度相对较低，也可以保证有效的初级训练。如果显示器能够提供一些基本的视觉信息，那么有限的 FOV 视觉显示器就足以满足一些视觉飞行技能的基本训练（包括着陆技能）。此外，飞行模拟器中还需要一些基本的仪表，但仪表不需要做到完美的物理复现。微软飞行模拟器显示的仪表比正常尺寸要小很多。

然而，Dennis 和 Harris（1998 年）的研究也指出，微软飞行模拟器中使用的主操纵系统（例如操纵杆和方向舵）并不比简单的键盘控制更有效。作者得出的结论是，与视觉飞行相关的感知运动技能通常无法在这样的设备上得到有效的训练。然而，由于这些任务相对简单，并不包括起飞和着陆，因此得出的结论必然是有限的。

美军早期开展的关于训练技能迁移方面的研究也证明了地面训练对初级视觉飞行技能的重要性。在 20 世纪 70 年代后期，所使用的飞行模拟器虽然 CGI 视景模拟相对简陋（与今天的标准相比），但在仪表和控制着陆方面确实具有较高水平的逼真度（Martin 和 Cataneo，1980 年）。该飞行模拟器主要用于 T-37 喷气式飞机训练，研究表明，它在白天和夜晚都能有效地训练起飞动作。后来的一项研究也表明，改变视觉显示 FOV 的大小并不会改变飞行模拟器的训练有效性（Nataupsky，1979 年）。这两项研究再次证明，初级训练完全可以在飞行模拟器中完成，并不需要成本高昂的、高逼真度的视觉系统。

到目前为止，只有少数关于技能迁移的研究对飞行模拟器在初级飞行训练中的效果进行了评估，有一部分原因是培训界对使用飞行模拟器进行初级培训有强烈的偏见。由于大多数初级培训是在小型的活塞式驱动飞机上进行的，因此与使用大型飞机相比,此类培训的运营成本要低得多。使用飞行模拟器进行初级培训也因缺乏高逼真度的视景模拟而受到反对,尽管这种理由在很大程度上可能是不合理的。由于飞机业务费用不断增加,视景模拟技术迅速发展,在民用和军事部门更多地使用飞行模拟器进行初级训练是必然趋势。

6.3　用于仪表训练的飞行模拟器

与初级培训不同,航空界在很大程度上接受了用飞行模拟器进行仪表训练。仪表飞行指的是飞行员通过飞机仪表进行飞行操纵和导航,因此从这个角度来说,视景模拟逼真度是没有实际意义的。事实上,许多仪表飞行教练机根本没有视觉显示能力。此外,这些飞行模拟器中很大比例只有简单的操纵负荷和操纵感觉逼真度,因为仪表飞行主要是程序性训练,而不是感知运动技能的训练。

仪表飞行教练机通常没有运动平台,所以也不需要安装一些额外的配套设备,这使它们的操作、维护和使用更加经济方便。飞行训练器(flight training devices,FTDs)和个人计算机航空训练器(personal computer aviation training devices,PCATDs)是由监管机构(如联邦航空管理局)认可的仪表训练设备,并且这些设备都没有全身运动信息。

一些最早的关于技能迁移的研究就是在 FTD 的前身上进行的。Link 仿真公司开发的通用航空教练机(general aviation trainer,GAT)就是一个例子。Provenmire 和 Roscoe(1971 年)进行了一项技能迁移研究,对 6AT-I 教练机向单引擎飞机技能迁移训练的有效性进行了评估。6AT-I 教练机没有视觉系统,但 TER 平均值达到了 1.0。尽管该研究的目标并不局限于仪表培训,放在整个初级飞行员培训中,情况仍是如此。在这项研究中,尽管教练机没有视景模拟能力,但在初级飞行训练中,教练机的培训效果基本上与飞机等同。

Pfeiffer、Morey 和 Butrimas(1991 年)也报道了一项类似的发现,即仪表训练可以正向迁移到目视飞行中。在这项研究中,飞行员需要先在涡喷教练机中进行训练,再由涡轮螺旋桨飞机过渡到中心线推力、双涡喷教练机。教练机没有视觉显示,但有一个六自由度运动平台。结果表明,飞机目视飞行和仪表飞行的 TER 几乎相同(0.43∶0.44)。同时还表明,地面训练和飞机训练的特殊组合对研究结果没有影响。

从仪表飞行到目视飞行实现正向迁移，有部分原因是只有少数视觉飞行机动主要依赖视景信息，大多数机动还是与仪表飞行共享技能。例如，在最终进近和着陆阶段，特别是着陆拉平过程中，飞机的操纵基本上取决于视觉信息。但是，大多数基本的飞行动作，如航向、空速、高度、转弯、爬升速度等，都可以参照仪表来完成。使用仪表模拟器进行训练迁移的研究表明，在初级飞行训练课程中使用仪表飞行训练设备可以节省大量的飞机训练时间。

以上研究只是飞行模拟器在飞行员训练中成功运用的几个例子。其中，仪表训练由于不需要复杂的视景模拟或运动系统，因此与其他形式的飞行训练相比，它对计算机技术的需求要小得多，更适用于这些地面训练设备。仪表训练的本质在于程序技能，因此对低成本的桌面培训设备（如台式PC），仪表训练也是可行的。与6AT-I或其他FTD设备不同，基于PC的设备仪表显示表面非常有限，并且操纵设备逼真度比较低，其显示器也是没有视觉显示或FOV非常有限。此外，它与仪表的交互通常需要使用定点设备，如计算机鼠标或键盘。由于桌面显示器上没有显示空间，无线电和其他仪表的使用有时需要叠加或覆盖到飞行仪表上。

基于PC的培训成本非常低，而且更方便飞行员上手，这使基于PC的仪表培训非常有吸引力。一项基于PC训练迁移的研究表明，在有限仪表机动（直线、水平飞行和协调转弯）课目中，这种设备优势非常明显（Ortiz，1994年）。通过单发螺旋桨飞机进行评估时，TER值达到了0.48，即在该设备中训练1 h可节省29 min的飞机时间，展现了它巨大的训练迁移能力。

最近对类似的PC设备的训练价值进行了研究（Taylor、Lintern、Holin、Talleur、Emanuel和Phillips，1999年）。在这项研究中，FAA批准的PCATD设备被作为大学仪器培训课程的一部分进行了评估，本研究评估了各种仪表飞行任务，包括复杂的盘旋和仪表进近等，对照组为单发螺旋桨飞机。

与Ortiz（1994年）的研究相比，本研究中的TER值并不是那么让人满意，数值结果为-0.11~0.39。唯一可信的是ILS进近训练（0.28）和NDB盘旋（0.16）。此外，NDB进近TER值为0.39，LOC BC盘旋为0.30，VOR跟踪为0.17，也就是说，通过PCATD进行仪表培训，共节省了3.9 h的飞机时间。在本研究中，PCATD训练10 h仅节省了1.5 h飞行时间，总体TER为0.15，不仅远低于上述FTD或PC设备的TER，且比Orlansky和String（1977年）报告的军用飞行模拟器的平均 TER(0.45)还要低。

Taylor 等人(1999 年)认为,他们研究的总体 TER 较低,至少有一部分原因是培训所需的 PCATD 使用效率低。由于课程分为两个单独的班级,PCATD 的大部分时间都花在复习以前学过的任务上,这是研究中 TER 值偏低的原因。

现有的数据虽然有限,但在一定程度上证实了即使是成本较低的设备(如PCATD)在仪表训练中也是有效的。然而,它们的效率能达到多少还需要未来进一步研究确定。目前有一个非常重要但尚未解决的问题是 PCATD 设备在仪表培训方面能否达到与 FTD 一样的效果。如果可以的话,就可以为航空界节省大量费用,并使更多受训飞行员受益。

6.4　专　业　培　训

在更专业的航空领域也进行了评估飞行模拟器训练迁移的研究。军事航空领域在很大程度上依赖飞行模拟器进行训练,他们已经进行了许多这方面的研究,对所有研究过程进行回顾超出了本书的范围,然而,其中有一些揭示了军用航空飞行模拟的特殊挑战,这是我们需要关注的。

军用飞机主要用于空对空作战、对地攻击、空运、监视和搜救等,完成这些任务需要各种不同的固定翼和旋转翼飞机,并具有独特和严格的任务要求。在军事应用中,飞行模拟器不仅是主要的仪表训练设备,还是进行武器和任务训练的重要工具。在后一种情况下,飞行模拟器不仅可以减少飞行员训练期间可能遇到的危险,而且还能够提供训练战斗任务技能的机会,这在其他设备中是很难实现的。与民用航空相比,军用航空对高级技能训练要求更高,这大大增加了军用飞行模拟器的潜在成本,因为军用飞行模拟器需要更加关注装备的实际训练效益。

Bell 和 Waag(1998 年)对前期美国空军和海军关于作战飞行模拟器训练效果的研究进行了总结。在空对地攻击作用方面,接受过飞行模拟器训练的飞行员在常规武器投送方面表现得更为优异,并在任何机型中都是如此。研究还表明,在极其恶劣的作战模拟环境中接受过训练的飞行员,他们的飞行生存概率明显提高。

Bell 和 Waag(1998 年)还对空对空作战模拟训练技能迁移的研究进行了梳

理。这类研究进行得比较少，但除了有一项结果不理想，其余所有的研究结果都表明飞行模拟器具有积极的训练迁移效果。两位研究者认为，在这项研究中使用主观评分数据来检测训练差异不具有足够的敏感性。

虽然两位研究者没有指出迁移训练研究中的 TER 值，但是考虑全任务实地模拟的成本极高，实装演习存在安全风险且范围有限，因此只要模拟训练效果可靠，都可以证明这些作战模拟的成本是合理的。

6.5　飞行模拟器组件效果

除了评估飞行模拟器本身，还对其关键组件（如视景模拟系统和全身运动模拟系统）的训练迁移效果进行了评估，对组件单独评估的原因是考虑其成本效益。例如，如果固定平台与运动平台的训练迁移量相当，那么将运动平台从设计中去除就可以节约大量成本。基于这种原因，这类研究仅针对那些对设备的购买或运营有重大影响的组件。

6.5.1　运动平台

在飞行仿真设计中，很少有问题能像平台运动这样引起如此多的争议。虽然传闻和实证研究（BurkCohen、Saja 和 Longridge，1998 年）都表明飞行员们强烈支持在飞行模拟器中提供平台运动，但到目前为止还没有准确的数据能证明运动平台确实可以提高飞行模拟器训练效率。Martin（1981 年）对前期初级和高级（空对空）喷气式训练模拟器中进行的 6 项训练迁移研究进行了考证，发现在飞行模拟器中添加运动平台模拟时，训练迁移效果并没有得到有效的提高，另一项关于运动平台对四发涡轮螺旋桨运输机（P-3 猎户座）训练效果的研究也表明，运动平台并没有带来额外的收益。Hays（1992 年）和 Burk-Cohen 等人（1998 年）最近对运动平台效果相关文献进行了总结，也得出了相同的结论。因此至今为止，还没有可靠的证据表明运动平台能够提高飞行模拟器的训练效率。

针对缺乏科学证据证明运动平台训练效果的问题，学者们提出了几种可能原因，其中包括使用的平台系统存在缺陷、研究方法不佳，以及所使用的飞行员评估方法可能对训练期间的运动线索的差异不敏感等。然而，在过去 20 年研究中,最意想不到的是没有足够的研究数据,这表明动作信息可能很少或根本不重要,同时也说明在训练中无法得到有效突破的原因是现代飞行系统中使用的运动模拟系统根本没有效果。这其中至少有一部分原因是系统本身的局限性,因为实际上需要飞行员关注运动信息的飞行动作比例很小,而且评估飞行员在飞机上的表现时,运动信息的微小影响可能会被其他现象所掩盖。

尽管缺乏证据支持,民用航空部门的监管机构仍然要求将运动模拟系统应用于 FFS 系统中,但这种情况在军用飞行模拟器中基本不会出现,因为来自大型 FOV 视觉系统的运动信息才是他们的首选。在可预见的将来,由于飞行员对运动平台的强烈支持,一些民用飞行模拟器可能会应用该系统。那么接下来的问题就是,是否可以对这些系统的基本设计做出一些改进,从而直接提升飞行员训练效益。

6.5.2　视景仿真

与运动平台相比,视景模拟的争议要小得多,但是同样也会给飞行模拟器的开发带来巨大成本支出,其主要体现在提高有效分辨率、增大显示视场和丰富场景细节等方面。与运动平台模拟一样,飞行模拟器用户通常都希望视景模拟能力越强越好。虽然任务分析可以确定既定飞行任务对视景模拟的大部分要求,但并非所有任务都适用于这种类型的分析。比如,经过反复练习后,飞行员已经实现高度自动化的任务就很难通过视觉信息进行分解,许多需要连续操纵的任务(如着陆拉平和低空飞行)都属于这一类。

如果视景信息对飞机操纵具有决定性意义,那么视景模拟在这一方面就是最重要的。如果系统视觉帧更新速率太慢,操纵反馈的延迟就会对飞行员产生非常严重的后果,尤其是那些对飞行员输入敏感度较高的任务(如着陆拉平)(Bradley,1995 年)。较宽的视景无法呈现足够的图像细节,那么在基本的视觉飞行操纵技能教学中可能是无效的。飞行员判断高度变化的能力也许与显示对象的数量直接相关,密度越高,对高度变化的判断就越准确(Kleiss 和 Hubbard,1993 年)。如果飞行模拟器视景显示的细节比较少,那飞行员的着陆技能迁移训练效果就会比较差(Lintern 和 Koonce,1992 年)。视景不充分也会导致补偿性视觉行为的发展,通过对 C-130 机组人员在低空飞行演习的研究表明,有限的视景会导致飞行员对窗外视景的观察行为发生显著变化(Dixon、Martin、Rojas 和 Hubbard,1990 年)。

　　不同类型的视觉显示系统对飞行员的训练效果也有影响。研究中,将空对空作战训练常用的视觉圆顶系统与头盔显示器(helmetmounted displays,HMD$_s$)进行了比较,发现在视觉目标性能和用户工作负荷方面,圆顶系统更为优越(Hettinger、Todd 和 Hass,1996 年)。

6.6　小　　结

　　飞行模拟器的发展在很大程度上是由它们在训练和评估飞行员方面所发挥的作用驱动的。这自然引发了一个问题,那就是它们这一角色的有效性如何,飞行模拟器的某些组件是否值得付出成本,以及在哪里可以改进。许多有力的证据(包括基于 PC 的训练设备)都可以证明飞行模拟器的确具有正向的训练效益,但至今仍没有证据证明飞行模拟器的单个组件(如运动平台)对训练是有效的。视景模拟有效性的大小在很大程度上取决于是否存在特定的图像细节和相关的训练任务。研究发现,目标密度、其他场景细节及视觉显示更新率对目视飞行操纵任务的训练特别重要。

第 7 章 飞行模拟器逼真度和训练效果

7.1 引　　言

自 20 世纪初,飞行模拟器的设计一直受一种设计和工程概念的驱动。即装备的价值与其对飞机的操纵和显示、操纵品质和其他特征的物理复现能力成正比。这不仅包括飞机座舱的物理布局和外观,还包括单个操纵装置和显示器的功能。当飞行模拟器工程师谈到逼真度时,通常是指模拟器设计的物理复现或物理逼真度,覆盖范围可以扩展到视景模拟、运动加速度和飞行模拟器的各个方面,并逐渐成为飞行模拟器设计的一种标准。对于设计工程师来说,设计得越接近完全的物理逼真度,飞行模拟器的设计就越好,其作为飞机替代品的效果就越好。这种对物理逼真度的追求可以从 FAA 对飞行模拟器使用的术语中可以看出,只有那些具有视景模拟和运动模拟的设备才能称为"飞行模拟器",其他设备都只能被称为"飞行训练设备"或"航空训练设备"。

物理逼真度作为飞行模拟器设计的一个标准,无论是在仪表布局和功能、操纵特性,还是任何其他设计组件中,都是可以理解的。如果飞行模拟器设计者是为了在地面设备中创造一个飞机飞行环境的复制品,那么将物理再现作为设计目标是合理的,并且复制得越接近,模拟效果就越好。然而,这种设计方法存在两个主要缺陷。首先飞行模拟器的主要目的不是复现物理飞行环境,而是为飞行员或机组人员创造飞行环境的体验,飞行模拟器逼真度的最终衡量标准是能否让飞行员或机组人员掌握在实装飞机中所需的同等程度的操纵能力。这不仅包括模拟飞机飞行的方式,还包括飞行员的认知行为,如制订计划、决策和解决问题等。在飞行模拟器中,物理逼真度的重要性体现在它为实现高度的心理逼真度创造了条件。

将物理逼真度作为设计目标的第二个主要缺陷是,设计的局限性无法得到逻辑证明。例如,如果飞行模拟器因运动平台成本过高无法达到物理逼真度标准,设计者就没有合理的方法来确定不完全物理逼真度的影响。举个例子,没有合理的依据表明模拟 60% 的飞机运动比仅仅模拟 40% 的飞机运动更真实或者能提供更好的训练效果。如果不考虑飞行员的局限性和能力,那么一味地追求物理逼真度是不划算的,因为正是那些与设计目的无关的标准导致了飞行模拟器设计的局限性。飞行模拟器设计标准中,最常见的限制因素就是成本、技术局限性和训练或研究设备施加的物理限制,这些标准与训练效果都无关。

实现最大程度的物理逼真度对飞行模拟器工程师来说可能是极具吸引力的,但它并不是一种能够实现高性价比的模拟手段,它的意义在于为设计提供了一个清晰明确的参考点,飞机仪表、操纵响应和飞机运行的其他物理特性的再现在飞机本身就有现成的标准,因此,如果只是简单地复现一个对象或系统,几乎不会产生任何歧义。飞行模拟器的物理逼真度也被当作商家广告的卖点,因为对于购买者来说,外观和功能更贴近实装飞机的飞行模拟器看起来总是更具价值。

然而,对于设计工程师来说,在飞行模拟领域,飞行员在处理飞机提供的信息中起着重要作用。例如,在飞行模拟器操纵负荷、视景模拟、平台运动和通信模拟等领域,飞行员完全是凭借他(她)自己的感知能力、知识和经验来处理这些输入的。在这种情况下,评判飞行模拟器的设计效果就不是简单地再现系统的外观或功能,而是飞行员和模拟系统之间的交互。对于受过训练的飞行员来说,如果机动信息不能帮助飞行员确定飞机状态或飞机周围的环境状态,那么无论它们多么逼真,都没有实际意义。在飞行模拟器中,这样的运动信息可以在某种程度上增强飞行员对设备的接受度,但是它可能没有其他用途。相反,像 PCATD 这样物理逼真度比较低的设备也可以进行有价值的训练,因为它具有执行特定任务所必需的信息,并可以锻炼飞行员的反应能力。客观上通常认为物理逼真度较低的设备在研究和训练方面很有价值,因为它们在心理或感知上的逼真度是很高的。

7.2　模拟器设计中的感知逼真度

传统的设计方法主要考虑的是物理特性或功能特性的复现,人们当然希望有更好的替代方法,如果要在飞行员训练中实现更高的成本效益,就更要如此。因此在设计时,要考虑飞行模拟器设计的基本宗旨,即在地面设备中再现飞行员或机组人员操纵飞机的飞行体验。那些不支持该目标的飞行模拟器设计元素可能有其他用途,包括市场吸引力,但它们对实现基本的设计目标并没有实际意义。

将感知逼真度作为主要设计目标的飞行模拟器将面临来自传统工程学科的阻力,因为它并不属于熟悉的领域。传统工程学科发现,如果操作人员是主导因素,那么设计处理系统是很困难的,因为人的操纵特性很难量化。例如,人类感知和认知功能的工程模型就像航空工程中的典型工程模型一样,目前都非常少。因此,基于感知逼真度的设计决策所需的数据通常不可用。然而,依靠经典的工程方法来解决感知逼真度中的许多基本设计问题可能有点不现实,除非大大降低工程严谨性。其中许多方法都是在人类系统集成相关学科中为人熟知的,如工业和人类因素工程,以下各节将简要介绍人类–系统集成工程的一些关键要素。

7.3　用 户 分 析

人类在执行任务期间的局限性和能力存在显著差异。用户分析是一种识别设备用户群及其特定能力和局限性的一种手段,系统设计人员可以通过它来识别与设计决策最相关的最终用户的特征。飞行训练设备的典型用户大致可分为主要群体和次要群体两类,主要群体一般就是飞行员或机组人员,次要群体包括教员或研究员、科学家等,其不同之处在于飞行员这一主用户群体将有一系列基本的感知、感知运动和认知能力。

初学者或没有飞行经验的飞行员的飞行模拟器设计者可以放心地认为用户具有正常的视觉、听觉、前庭和认知功能,因为所有飞行员都需要具备这些功能。然而，初学者群体可能在其手动飞行操纵技能、程序知识和决策能力水平上与其他飞行员群体有很大不同。

同样，次要群体也可能在各自使用飞行模拟器的方式上有所不同。教员和评估人员是典型的次要群体，他们可能在被模拟的特定飞机或飞机类别方面具有相当多的专业知识。然而，他们缺乏实际使用飞行模拟器的技能。他们在利用该设备传授基本技能时会用到一些飞行模拟器功能，如飞行模拟器暂停和重新定位，因为更多的训练时间需要投入到问题诊断和重复任务场景上。当飞行模拟器作为经验丰富的飞行员的评估工具时（如 LOFT 中的某一段），人们会更加关注飞行模拟器复现可能发生的事件和事故（如仪表和发动机故障或有害天气）的能力。

7.4　了解飞行员任务

在飞行模拟器设计中实现感知逼真度的下一步是，确定飞行模拟器必须能够支持的驾驶任务。为了将飞行员执行任务的信息、操纵输入和其他要素区分开，需要进行详细而严格的任务分析。任务分析有几十种形式，其细节超出了本书的范围（见 Kirwan 和 Ainsworth，1992 年）。然而，大多数任务分析的框架都是类似的。首先，需要定义任务目标。在航空领域，定义任务目标要比其他领域容易得多，因为飞行任务一般都有明确的目标和子目标，以及实现这些目标所需的明确的程序或步骤。实现目标和子目标的方法是任务要素，这些要素包含了飞行模拟器设计所需的信息，其中飞机的状态参数（如空速）对许多飞行任务至关重要。空速信息有多种来源，包括仪表、驾驶舱窗口外的视景、风噪声和相关的声音效果等。飞行员对这些信息的反应是任务要素分析的另一部分。根据不同的任务目标，飞行员可能采取多种形式对特定信息进行反应。在进近过程中要达到目标空速通常需要对空速仪表、功率设置的变化及襟翼和起落架配置的变化进行连续的目视监测，从而实现和保持所需要的空速。对于受过训练且经验丰富的飞行员来说，信息与特定反应之间存在已知的对应关系。而对于那些用于基础飞行训练的飞行模拟器，这种关系在受训飞行员中的发展必须要有飞行模拟器的支持。对于正在设备中进行评估的经验丰富的飞行员来说，要想有效地评估飞行员的熟练程度，飞行模拟器必须能够提供一些必要的信息来引导飞行员做出应对当下环境的正确行为。

7.4.1　任务环境

详细了解用户群的特点及飞行员任务的目标和要素,对于开发具有高感知逼真度的飞行模拟器至关重要。此外,飞行模拟器设计者需要了解飞行员和他们的飞机所处的任务环境。任务环境包括所有可能直接或间接影响飞行员操纵的属性,包括感知逼真度,因此飞行模拟器设计者需要对任务环境加以了解。

模拟操作任务环境包括对飞行操作发生的复杂条件的清晰了解,此类操作活动通常发生在一个复杂但受控的空域中,飞机的速度或方向由地面人员决定。飞机的操纵通常包括飞行员对飞行许可、飞行计划、地图和图表的征询,还可能包括对 ATC 指令的无线电频率进行连续监测、使用无线电进行通信,以及使用数字链路传输重要数据等。

飞行员的任务环境也会因天气变化而变得更加复杂。恶劣的天气不仅给飞行任务增加了难度和潜在的危险,而且会对飞机的基本运行产生重大影响。比如,低空风切变,尤其是微暴流风切变,会使飞机变得极难控制,机翼和控制面上结冰也是如此。结冰还可能导致化油器发动机熄火,涡轮喷气式发动机也会因吸入冰块而发生故障。天气的迅速变化会导致飞行上限和能见度降低,从而使着陆和起飞变得困难,甚至危险。高空风的重大变化可能导致燃料燃烧速率过高,从而不得不执行紧急改道,雷暴和其他恶劣天气的突然爆发也是如此。在飞行员任务环境的所有属性中,天气可能是设计者最需要关注的一个属性。

飞行模拟器设计者还需要考虑设备的主要用途,这是具有指导意义的。购买飞行模拟器通常是用来训练和评估飞行员的飞行技能。而飞机的设计目的是将乘客和货物运送到目的地,或是执行军事任务等。一般来说,与飞行模拟器相比,飞机不是一个好的训练平台,但飞行模拟器环境在教学方面的表现是该设备的最大劣势。同样,还是由于把飞行模拟器设计的重点放在了复制飞机的物理特性上,所以相对来说,在飞行模拟器任务环境这一方面投入的注意力、精力或技术比较少。

7.5　测量感知逼真度

无论逼真度是如何定义的，都会有相应可以测量它的方法。飞行模拟器的物理逼真度是根据其操作部件的等效程度直接测量的。如果我们想知道飞行模拟器的性能如何，就要根据飞机制造商提供的飞机性能数据与其进行比较。例如，在一个标准日和特定温度条件下，飞机的功率设置、襟翼配置等方面的起飞和性能数据很容易获得，可以直接与飞行模拟器上的相同试验数据进行比较。

如果飞行模拟器上这些组件的数据是完全客观的（不受飞行员影响），那么它们的逼真度就是有效的。在模拟飞机性能的情况下，其目标并不是引发或创造特定的飞行员体验，而是以最小的误差对特定条件下的飞机状态进行匹配。同样，无线电传输接收范围、仪表性能和允许的仪表误差、各种条件下的发动机功率输出、冰雪条件下的飞机和发动机性能影响、电气和液压系统状态，以及其他各种飞机系统性能参数，都存在客观标准。简而言之，飞行模拟器设计者获得大量的数据，可以用于评估飞机及其子系统，包括操纵环境（导航和通信系统等）的物理或功能逼真度。因此，在评估飞行模拟器的物理逼真度时，其标准和逼真度的测量都会变得相对简单。关于飞机、组件系统、空域及其他环境系统性能的工程标准都是现成的，大部分性能参数都是通用的，只有一小部分（如特定飞机的气动建模数据）是特有的，并且要经过许可后才能使用。飞行模拟器设计者在满足物理逼真度要求方面最常见的问题就是软件和硬件工程中的局限性。例如，计算机处理能力的差距可能会大大降低飞行模拟器求解相关空气动力学或飞机性能模拟方程的能力，而这正是提高模拟准确性的基础。同样，由小型直流（direct current，DC）点击或直流计量系统驱动的仪表可能会引入仪表误差，因为这些驱动装置本身就存在一定的局限性。在这些领域进行的改进已经能够有效地解决一部分问题，但不排除仍存在一些潜在的错误。重点在于飞行模拟器设计中的逼真度现在不只是追求物理或功能的逼真度，而是飞行员或机组人员的感知逼真度。

如果飞行模拟的真正目标是为飞行模拟器飞行员创造一种与飞机无差别的飞行体验，那么设计者必须要超越物理或功能逼真度的要求，不断实现更加苛刻和困难的感知逼真度。虽然物理逼真度的标准在大多数情况下是现成的,但感知逼真度恰恰相反。尽管现在有大量的关于人的局限性和能力的数据,但感知逼真度的问题实际上是人和系统的问题,更具体地说,是飞行员和飞行模拟器集成的问题。设计者需要创造一个飞行模拟器,为飞行员提供一个与实装飞机足够相似的感知、感知运动和认知环境。设计者的最终目标和最终是否成功的衡量标准大概就是所谓的"沉浸感",即飞行员置身实装飞机和实际操纵环境中的感觉。当飞行员沉浸在飞行模拟器中时,与在实装飞机中没有明显区别,这样引发出的飞行员或机组人员的行为是最接近实际的,也是教员和研究人员最想看到的。在一些关于虚拟环境研究的文献中,也存在一些对沉浸感的主观测量(Witmer 和 Singer,1998 年)。还有一些测量方法可以用来分析飞行模拟器中飞行员的行为,并将其与实际情况进行比较。对感知逼真度测量的例子将在以下章节中进行描述。

7.5.1　操纵品质

飞行模拟器最基本的特征可能就在于它能够再现飞机的操纵特性。通常,飞行员通过施加给主控装置的力来体验操纵特性。例如,在仪表飞行条件下,飞机的协调转弯非常常见,那么就要求飞行员在飞行模拟器中对操纵杆和方向舵施加的力要与在类似条件下执行飞机协调转弯所需的力保持一致。

操纵品质的测量在飞机试验领域有着悠久的历史。早期的飞机通常操纵特性较差,以至于除了最有经验的飞行员之外,对其他所有人来说都存在致命的危险。为了避免重复出现这样的问题,后续在飞行测试阶段增加了对操纵品质和特性的标准化测量,其中最著名、最受认可的应属 Cooper-Harper 等级评分法(Cooper 和 Harper,1969 年)。Cooper-Harper 是一个十分制的等级评分系统,可以用于评价被测飞机的操纵特性。虽然该评分系统是为飞机评估而设计的,但只要对其职权范围稍作修改,它就可以很容易地迁移到模拟器应用中。例如,对飞行模拟器和飞机的比较将不再基于"稳定和可控"的平台,而是特定机型的飞行模拟器,"操纵问题的补偿"将是对飞行模拟器和飞机之间差异的补偿。显然,对飞行模拟器操纵特性的评定必须由那些在特定机型上具有代表性的飞行员完成,他们的辨别能力很可能与试飞员有很大的不同。

飞行模拟器操纵特性的客观测量标准也可以通过记录飞行员的操纵输入来实现。在可比较的前提下,如果飞行模拟器具有必要的感知逼真度,那么飞行模拟器和飞机的操纵输入特性应该基本一致。这样的方法还可以用于确定其他飞行模拟器部件（如平台运动模拟）对飞行模拟器操纵特性逼真度的影响。

7.5.2　视景模拟

视景模拟的设计要求在一定程度上取决于对人类基本视觉感知、视觉敏锐度和视觉对比度敏感性的理解。在科学文献中，有许多数据可以帮助飞行模拟器设计者提高视景模拟的感知逼真度，前一章中也进行过部分讨论。然而，视景模拟中也存在一些元素，它们会影响飞行员的行为，但不太容易量化。如纹理梯度就是这样，在着陆拉平和低空飞行等阶段，纹理和其他对象特征会导致视景中出现复杂的光流模式，这些光流模式的变化会影响飞机的操纵。在某些情况下，它们还会造成飞行模拟器中经常出现的自我运动或矢量错觉。

研究表明，当飞机在超低空中执行任务时，飞行员在视景中辨别光流模式的能力会显著影响他们的表现（Kruk 和 Reagan，1983 年）。为了提高训练效率，在视景模拟中需要对其中的光流模式进行等效模拟，要注意的是，这并不意味着一定要提供像照片一样逼真的视景，而是应该在给定的视景上提供足够的图像细节，以便在飞行模拟器中能够生成与实际环境中相同的光流。

Regan、Kaufman 和 Lincoln（1986 年）等人对视景模拟中单向和径向光流模式的计算进行了更深入的研究。用量化的方法来确定任务中所需要的光流模式也可以更好地开发通用任务环境，通用任务环境仅需提供必要的视景信息即可，对具体的物体细节没有要求。例如，模拟沙漠上的低空飞行并不需要把各个物体都模拟出来，只需要创建能够产生所需的光流图案的通用视觉信息即可。

7.5.3　动感模拟

长期以来，飞行模拟器动感模拟的能力一直是争议的焦点。还是那句话，要想计算飞行员在飞机中经历的物理加速度非常容易，根据飞机开发过程中收集的测试数据通常就可以获得对应机型的线性加速度和角加速度。这些运动加速度的实际作用决定了它们是否具有模拟的必要。之前，我们已经讨论了飞行员对特定加速度水平的感知能力，这些加速度阈值是已知的。定义感官阈值也许有助于帮助我们确定所需的最少的运动信息，但它并不能表明这些运动信息到底对飞行员有哪些作用，还是要对飞行任务本身进行详细分析才能得知。

要想确定运动信息对飞行员手动操纵飞机的意义到底如何,最可靠的方法就是将飞行员在飞机和飞行模拟器上的操纵行为进行比较,前提是飞行模拟器可提供的加速度范围要与飞机一致。研究类的飞行模拟器,如 NASA 的 VMS 或其他类似设备,能够提供不受偏移量限制的运动信息(例如 Stewart 平台的运动信息)。代尔夫特理工大学(Steurs、Mulder 和 Van Paasen,2004 年)最近利用 SIMONA 研究模拟器系统和 Cessna 引文Ⅱ进行了此类研究,对飞行员分别在实装飞机、有运动信息的飞行模拟器和无运动信息的飞行模拟器上的操纵行为进行了比较,结果表明运动信息能够增强飞行员对飞行模拟器逼真度的主观评价,但对飞行员本身的操纵行为没有确切影响。这项研究与 Lee 和 Bussolari(1989 年)的早期研究结论一样,进一步强调了飞行模拟器用户的主观感知逼真度与飞行员对飞行模拟器的实际操纵行为是有明显区别的。与其他飞行模拟器逼真度元素一样,运动信息的感知逼真度可能会影响飞行员对逼真度的感知,但是不影响他们的操纵行为。平台运动平台对设备训练或研究价值的真正贡献可能只是让飞行员更加认可飞行模拟器作为替代品,而不是培训或评估他们的飞行技能。

7.5.4 环境模拟

飞机的运行环境比我们想象的更加复杂,它不仅对飞机本身有影响,对飞行员或机组人员的行为也是有影响的。在民航中,飞机的运行是在一个由地面人员主控的空域系统中,运行期间,飞机可能会遇到各种各样的天气,最终导致与空中或地面上的其他飞机发生碰撞。相比之下,军用飞机的运行既要应对敌机,又要应对地面防空系统,其面临的作战负担更重。

对民航来说,各种天气现象的物理参数及其对飞机的影响是众所周知的。空域环境问题,包括地面和卫星导航设备的性能、通信系统性能、空中交通密度和空中交通管制性能也都很好理解。但是这些环境因素对飞行员感知飞行模拟器逼真度,以及对飞行员的工作负荷、问题解决和决策行为的影响并没有明确的结论。利用 NASA 工作负荷指数(NASA TLX)等评估方法,可以判断飞行员在飞行模拟器中的工作负荷水平与在飞机上是否一致。此外,还可以通过心率和呼吸频率等更客观的工作负荷指标来比较飞行员在飞行模拟器和飞机上的工作负荷水平。前期,在大型运输机(Jorna,1993 年)和战斗机(Magnusson,2002 年)上进行了该项研究,结果表明,飞行员在飞行模拟器和实装飞机上的生理反应是相同的。

通过飞行模拟器与飞机的比较来测量环境因素对飞行员体力和脑力负荷的影响是很重要的，主要有以下几点原因。首先，研究者们给出了环境逼真度对比图，证明环境因素对飞行员确实有影响。同样的天气条件下，飞行员在飞行模拟器和飞机中的工作负荷应该是差不多的，涉及的空地通信等空域操纵负荷量应该也是如此。其次，环境因素的变化可以让教员进一步研究它们的影响效果。举例来说，飞行员在比较晴朗的天气条件下可能表现得很好，但恶劣的天气可能导致其工作负荷较重，飞行员因此表现不佳。了解这些环境因素与工作负荷水平之间的关系可以辅助评估飞行员的训练，前提是环境因素对飞行模拟器和飞机的工作负荷都有类似的影响。最后一点，为了适应高工作负荷，飞行员会改变或重新确定任务的优先级，由于手头的任务先入为主，飞行员可能不太关注对未来任务的规划和准备。此时环境因素（如不断变化的天气条件）可能会影响飞行员的工作负荷水平，进而影响他们的任务表现。

问题解决和决策行为测量难度更大，因此在模拟环境和真实环境之间更难比较。飞行教员和评估人员通常根据飞行员对信息的利用效率、对其重要性的判断、对备选方案的选择及对资源的使用率等方面来衡量飞行员的处置效果。因此，模拟环境在地面设备中能否再现这些飞行员行为，很可能取决于设备在创建相关任务场景时能够满足多少教员或评估人员的需求。如果教员和评估人员判断飞行模拟器能够完整地复现任务场景的各个方面，使他们能够准确地评估飞行员问题解决和决策技能，那么模拟环境将成功满足感知逼真度这一要素。许多 LOS 模拟环境现在都是以这种方式构建的。判断飞行模拟器设计是否达到感知逼真度标准也是基于其能否支持这些复杂 LOS 模拟环境的创建。在这一方面，飞行模拟器设计者需要有经验的教员和评估人员的帮助，因为他们对如何定义模拟任务环境更有发言权。

7.6　逼真度与训练迁移

很少有观点像人们相信飞行模拟器的物理逼真度与其训练价值直接相关那样如此强烈，或产生如此多的争议。如果飞行模拟器的外观和功能与飞机相似，人们会认为它可以成为一种有效的训练设备。相反，一个看起来外观或功能都不像飞机的设备,人们自然不相信它能用于培训飞行员。然而正如我们之前讨论过的,物理逼真度较低的设备(如 PCATD)已被证明可以提供有效的训练。因此,相比于物理逼真度,飞行模拟器的逼真度和训练迁移之间的关系肯定更加重要。

然而,除了学术争议之外,在现实中更需要确定的是在逼真度不同的飞行模拟器上学到的技能到底有多少可以迁移到实装飞行中。在这项研究中,要考虑的一个实际问题是设备成本。成本是设备开发和部署的主要因素,成本较高通常意味着可用于飞行员培训的设备较少。在民航中,另一个重要的现实因素是给定设备能够提供的可记录时间量。要想获得训练迁移效果和逼真度之间的最客观可信的关系,必须对训练迁移进行研究。然而,考虑到所需的时间和成本,直接研究并不是一个实际的解决方案。更好的方法是建立一个评估逼真度和训练迁移的系统,系统涵盖相关概念和分析框架,用于确定设备的迁移效果。

7.6.1　定义训练迁移

要理解从一个设备(如飞行模拟器)到另一个设备(如飞机)的训练迁移,需要对人们的学习和记忆技能、知识所涉及的基本机制有一定的了解。众所周知,人类记忆只能在短时间内存储物体或事件的物理特征(Tulving 和 Thompson,1973 年)。也就是说,飞行仪表或控件的形状、具体位置和其他属性很快就会被遗忘。但训练事件需要长期记忆,如果做不到像磁带那样存储事件的物理细节,对飞行员来说也许会很不利。然而,这种记录器式的记忆很快就会超出大脑存储信息的能力。人类的长期记忆是为了将新的信息整合到现有的技能和知识储存中,如果输入信息与存储信息存在相关关系的话,现有的存储信息模式会不断地随输入信息进行改变。对技能来说,这种整合过程会使学习新技能变得更容易。当然,这也会增加信息检索出现错误的可能性。例如,飞行员在过渡到新机型时,特别是压力较大的情况下,最常见的就是会使用适合先前机型的旧技能。相比之下,与飞行员长期记忆中已有的知识和技能无关的新知识和新技能虽然需要更长的学习时间,但在以后需要时反而不太容易出现检索问题。

7.6.2　新技能的迁移

在飞行员培训的初级阶段,训练迁移主要针对的是新技能和新知识。这种培训可能比更高级的飞行员培训要花费更多的时间,但受现有技能和知识的干扰会小得多。能完成这种训练的设备只需要有足够的逼真度就可以形成基础的、概括性的技能集。其中包括俯仰姿态和空速之间的关系、空速对操纵响应的影响,以及其他类似的技能。飞机的特性或特质对基础设备来说不太重要,因为只要在训练设备中学到的基本关系仍然适用,这些技能就很容易推广到给定的机型中。例如,对于飞行模拟器设计者来说,准确复现仪表的空间布局远不如保持操纵输入和仪表响应之间的正确关系重要。因此,尽管 PCATD 的仪表显示尺寸比飞机小得多,它也仍然能够提供有效的仪表训练。同理,如果控件的响应模式对飞机操纵几乎没有影响(如计算机鼠标),那么它的训练效果会差得多,甚至根本没有效果。

飞机的基本操纵技能(如控制空速、飞机姿态等)并不是唯一要学习的技能,程序性技能是常见的飞行技能,即飞行员需要按特定顺序执行任务。一些程序性任务可能会通过检查表或进近板对飞行员进行辅助,但许多程序性任务的正确执行还是取决于飞行员的记忆。例如,仪表进近和进入等待航线有一个通用程序,称为"5T"(turn,time,twist,throttle,talk)即转向、时间、旋转、油门和对话,每个步骤都需要飞行员与飞机进行不同的交互,但程序的执行与飞机的具体情况没有相关关系。程序性技能几乎可以在任何机型中执行。因此,要完成这种程序性技能训练的飞行模拟器不需要与对应的机型飞机有那么高的物理逼真度。实际上,许多这类程序性技能都是在相对简单的飞机座舱模型中进行训练的。对于程序性技能,训练的侧重点不是单个操作,而是能否按预定顺序执行一组操作,像协调转弯、操纵导航接收器等这一类的技能训练应该是独立于特定程序的,并且在程序性技能训练开始前就应该完成。

7.6.3　表象技能

飞行员掌握了飞机的基本操纵和程序性技能之后,就可以开发出更复杂的技能,表象技能就是其中一种,它是一组认知技能,目的是使飞行员对作战环境形成心理表征。视觉技能就是典型例子,它对于仪表导航至关重要,包括使用现有的导航仪表、图表和其他信息形成飞机位置的心理表征或心理图像。在保持飞机与目的地的相对位置及感知空域态势时,视觉技能是必不可少的技能之一。

飞行员构建系统操纵的心理模型的能力也是表象技能的体现,包括飞机系统,如发动机、液压和电气子系统,这些模型有助于飞行员判断和解决系统运行中的问题。通过构建系统各部件及其相互作用的心理模型,飞行员能够更容易地理解系统发生故障的原因,并能够制定消除或补偿系统故障的补救措施。

7.6.4　决策技能

从某种角度来说,在飞行员学到的所有技能中,最重要的是查找和使用信息来辅助决策的能力,以及飞行员在选择备用方案时能够正确地权衡这些信息的相关性和重要性的能力。决策技能的形成需要飞行员掌握各种飞机、空域和天气信息,尤其是涉及要绕过恶劣天气区、机场改道等方面的决策技能,都要经过不断地训练才能获得。决策行为还包括资源管理技能,这样可以促进可用资源(包括其他机组人员或地面设施)之间相关信息的流动。

7.6.5　技能的保持

掌握了基本的操纵、程序和认知技能后,飞行员就需要在其整个职业生涯中保持对这些技能的熟练程度。对于经常飞行的飞行员来说,基本技能的保持不是问题,每一次飞行都是对基础知识的复习和提高。然而,许多飞行员不能保证经常飞行,也有可能飞行员们对某些技能没有做到定期训练。对于这种情况,飞行模拟器训练就是一种保持技能的手段,如果没有这种反复的训练,这些技能最终会丧失。

技能保持会在多个方面影响设备的有效性和训练迁移程度。首先,不同的技能退化速度是不同的。例如,手动操纵技能比程序性技能更容易保持,因为程序性技能的退化速度非常快,因此飞行模拟器的大多数经常性训练计划都是基于程序性技能的预期退化率制订的。要完成程序性技能保持的设备通常不需要那么高的操纵逼真度,因为操纵技能不是训练的重点。这意味着,如果仅更新程序性技能,通常不需要复杂的操纵负荷系统或高逼真度的处理特性所需要的技术。

商业航空公司的许多经常性培训都致力于异常或应急程序培训,因为它们认为正是由于异常和紧急事件很少发生,如果不定期训练,飞行员对这些事件的正确判断和处理技能就会逐渐退化。还有一种说法是,反复训练需要逼真度比较高的飞行模拟器才能完成。不管怎么说,如果只是为了维持程序性技能的话,没有必要要求飞行模拟器有过高的逼真度,只要有足够的感知逼真度,能按照正确顺序执行任务即可。然而，一些程序性技能也需要飞行员在程序的临界点进行正确的操纵输入，在这种情况下，飞行模拟器的逼真度要足够高才能对操纵技能进行正确的评估，飞行员在需要时可以重新学习。

与操纵技能或程序性技能相比，表象技能的保持对物理逼真度的依赖要小得多。大多数视觉技能的保持甚至不需要任何形式的飞行训练设备，因为这种技能是一种从信息中衍生出来的思维抽象或构造，真正需要的是信息源（如导航仪表）及其相关设置的简单表述，以及一个能够提供实际飞机位置的反馈系统。同样，飞机和其他系统组件的心理模型的维护可以通过系统图和实体模型来刷新，这些图和模型可以通过计算机生成的系统操作实现动态化。不管是视觉技能还是心理模型，训练设备几乎都不需要过高的物理逼真度。

决策技能的保持也不需要很高的物理逼真度，它强调的是飞行员利用现有的信息资源来实现最佳决策的能力。在许多情况下，这些类型的技能在可能产生大量复杂场景的环境中保持得最好，因为这样会使飞行员面临各种条件下的决策。一些精心设计过的计算机游戏程序就可以重现飞行员决策的重要信息资源和后果，所以在保持决策技能这一方面，并不需要大型的、昂贵的飞行模拟器。

上述讨论并不意味着物理逼真度较高的装置（如常见的航空公司 FFS）不能用于保持这些技能，只不过从成本效益来看，它们不是最佳方案。然而，像 FFS 这样逼真度非常高的飞行模拟器有一个优点，即它们能够同时动态模拟非常复杂的操纵环境，它们特别适用于评估飞行员技能，以及多任务和机组人员资源管理能力。

7.6.6　过渡培训

除了初级技能培训和仪表培训外，专业飞行员职业生涯的大部分时间将用于过渡到新的机型上。专业的民航飞行员通常先在初级教练机上进行训练，然后转到更复杂的多发飞机上。一些飞行员会逐步过渡到涡轮螺旋桨飞机，小型喷气式飞机，最后是大型喷气式飞机。

过渡到不同的机型将消耗飞行员大量的训练时间，并且大部分时间可能花费在飞行模拟器上。过渡训练，有时称为"差异训练"，是为了让飞行员学习驾驶新机型所需的技能，并改掉旧的、现有的操纵技能，从而满足新机型的要求。因此，设计用于过渡训练的飞行模拟器时需要关注新机型和旧机型之间的差异,如果两种机型的操纵特性明显不同,新机型的飞行模拟器需要有非常高的感知逼真度,以便飞行员快速感知这些新特性。此外,由于过渡训练还涉及改掉旧技能,所以飞行模拟器不能只是简单地把旧机型的特征复制到新机型的飞行模拟器中。例如,在多发飞机中训练飞行员的单发操纵技能时,其飞机性能、飞行动力学信息和操纵特性与单发飞机都是截然不同的,因此多发飞机需要配套的发动机仪表阵列,因为意外来临时飞行员必须确定是哪个发动机失灵,这是单发飞机不具备的任务。

对于飞行模拟器逼真度和训练迁移来说,最重要的问题是确保新机型的飞行模拟器有足够的逼真度,从而防止旧的、不适用的技能的迁移。这一目标是在飞行模拟器设计层面上实现的,即在新旧机型差异最大的领域尽可能地提高物理逼真度和感知逼真度。许多座舱程序训练器(cockpit procedures trainers, CPT)和其他一些任务训练设备在这一方面都是首选。只要关注这两架飞机之间的区别并消除飞行员的不当行为就可以实现更有效和更高效的飞行模拟器训练了。

7.7　测量训练迁移

在前一章中已经提到,测量飞行模拟器训练效果最重要的指标是飞行员在飞行模拟器中所节省的实装训练时间(如 TER)。如果要确定省的费用,就需要进行训练迁移研究,这类研究非常复杂且成本很高,因此,TER 作为衡量指标用处有限。但是,对飞行模拟器训练效果的评估需求仍然存在,随着新的训练技术和方法的引入,这种趋势愈发明显。

除 TER 外还有另外两种测量飞行模拟器训练效果的方法。一种方法在克服训练迁移研究中控制操作变量的固有难题方面特别有效。然而,它并不测量训练迁移本身,而是测量某个已经掌握的技能从飞机迁移到飞行模拟器上的效果。这种反向迁移研究要求飞行员能够熟练操纵飞机,然后在飞行模拟器中测量同样的技能,对飞行员行为和技能的再现程度被称为飞行模拟器逼真度的衡量标准(Steurs、Mulder 和 Passen,2004 年)。由于反向迁移研究测量的是经验丰富的飞行员将技能迁移到飞行模拟器中的程度,这也使此类研究成为评估飞行模拟器设计感知逼真度的可行备选。但它们唯一的缺点是无法测量飞行模拟器的教学技术或其教学设计组件的训练效果。

其他方法,如准迁移研究,比反向迁移更能评估飞行模拟器的训练价值,同时还能避免传统训练迁移研究的一些缺陷。准迁移研究主要是为了测量飞行员在逼真度较低的设备(如 PCATDs)中学到的技能向逼真度较高的设备(如 FFS)中迁移的程度。这类研究的前提是逼真度较高的训练设备或飞行模拟器可以作为飞机的替代品。这样就基本可以确定如果训练能从逼真度较低的设备迁移到逼真度较高的设备中,那么也可以迁移到实装飞机上。准迁移研究通常被当作训练迁移研究的备选方法,因为它不需要使用实装飞机,实施起来更简单。然而,准迁移与传统训练迁移的研究结果是否等效仍然是个问题(Taylor、Lintern 和 Koonce,1993 年)。

为了确定给定的飞行模拟器配置和训练方案到底能实现多大程度的训练转移,仍然需要更有效和更可靠的分析方法。如果仅通过经验来评估迁移效果,还要考虑给设计过程带来成本和时效性的问题,那可进行的研究会非常有限。反向迁移研究虽然不能直接测量飞行模拟器的教学组件,但可以直接评估设备的感知逼真度。这类研究仍然需要使用飞机,其操作和仪表使用既昂贵又耗时。此时更需要采用工程模型的方法,这类模型要对人与系统集成过程中的独特问题足够敏感,从而使飞行模拟器设计者能够正确地评估设计的成本和效益。

7.8　小　　结

确定飞行模拟器的设计是否能为飞行员提供有效的训练是至关重要的。早期,由于过于追求物理再现或物理逼真度,导致飞行模拟器开发基础较差。飞行模拟器设计的目标应该集中在创建模拟环境上,使飞行员在这个环境中能实施他们在飞机上的行为,并获得与实装飞机几乎一致的飞行体验。飞行模拟器和飞机之间的这种感知逼真度增加了飞行模拟器成为有效训练工具的可能性,因为它将关注点放在了训练本身,而不是在成本和技术允许的情况下一味地复制飞机的物理特性和功能。

第8章 飞行模拟器设计和使用的局限性

8.1 引　言

在过去的几十年里,飞行模拟技术确实得到了飞跃性的发展。任何体验过飞行模拟最新进展的人都会惊叹于工程师们的聪明才智。然而,飞行模拟在飞行模拟器开发和使用方面仍存在一些障碍。在大多数情况下,这些障碍在将来很可能仍然存在,掌握其基本特征有助于飞行模拟器设计者和使用者更好地应用现有的模拟技术。

8.2 模拟器病

在飞行模拟器漫长发展的过程中,经常遇到的一个问题不是技术问题,而是人的问题。模拟器病(simulator sickness)是运动病的一种,它源自早期开发和使用的大视野视觉显示系统,也称"模拟器适应综合征(simulator adaptation syndrome)"或SAS,其症状与其他的运动病类似,包括疲劳、出汗、头晕、恶心和呕吐。Havron和Butler(1957年)对一些症状明显的模拟器病进行了研究。结果显示,在大视野、美国海军直升机模拟器中进行训练的飞行员普遍患有模拟器病。随后几年里,随着视觉显示技术的进步,模拟器病不仅出现在直升机上,在固定翼飞机上也有类似的情况。模拟器病的主要症状是使人衰弱,同时会对飞行模拟器的效用产生重大影响,尤其是对于军队飞行员来说,其带来的不利因素更加显著。考虑它对飞行员培训的重要性,此处对模拟器病的病因、后果和潜在补救措施进行简要介绍。

8.2.1　模拟器设计

目前,模拟器病的生理学或神经生理学成因尚不明确,也没有统一的结论。然而已知的是,某些设计变量有可能会导致模拟器病。比如,一个宽阔的水平视景和一个相关因素(视觉边缘中的图像细节)结合在一起就会导致飞行员的视觉边缘产生明显的光流模式。这种情况通常发生在低空飞行期间,其中视觉显示区域越大,视景细节就越复杂。人们通常认为这些相同的设计因素是导致飞行员产生自我运动错觉的原因。事实上,这些错觉和模拟器病之间有可能存在紧密的联系(Hettinger,2002年)。

在许多飞行模拟器中,大视野、过多的图像显示细节往往是飞行员模拟器病的诱因。然而,这种反应似乎仅限于那些需要执行大量持续性操纵任务的设备中,其表现形式就是在模拟器视觉系统产生显著的光流模式,特别是在飞行员的视觉边缘。最典型的例子就是直升机和战斗机在飞行过程中,特别是在执行低空飞行的任务时,飞行员在具有大视野的飞行模拟器中产生的模拟器病症状是最严重的。对于商业航空公司来说,虽然使用了大视野视觉系统,但由于飞行员通常不需要在低空执行持续性操纵任务,所以他们并没有怎么体会或关注到模拟器病。

有一种试图解释运动病成因的理论指出,是感官输入之间存在冲突,这种冲突导致了运动病的生理症状。根据这一理论,模拟器病很有可能是因为缺少随视景光流模式变化的全身运动信息导致的。然而,以往对模拟器病的研究表明,模拟器病一般发生在配有运动平台的固定式模拟器中(Kennedy、Lilienthal、Baerbaum、Baltzely 和 McCauley,1989年)。当然,飞行模拟器所使用的运动平台可能无法提供足够的运动刺激,因此它们用来检验上述理论是行不通的。有数据表明,飞行模拟器中使用的典型的运动平台并不能解决模拟器病。

8.2.2　暴露时间

虽然可以通过减少视觉显示的水平视景降低模拟器病的严重程度,但这样的权宜之计可能会影响飞行模拟器的实用性,减少视觉显示的水平视景需要对飞行模拟器的训练或研究价值与发生模拟器病的可能性进行仔细的分析。所以后来又提出了新的方案。如果飞行员能够适应飞行模拟器环境,那么模拟器病的严重程度会明显减轻。研究发现,两次训练间隔两天以上可有效减轻症状

（Kennedy、Lane、Baerbaum 和 Lilienthal，1993 年）。同时，减少视野运动也可以起到类似的效果。例如，将低空飞行与高空飞行或仪表飞行穿插进行，可以帮助飞行员适应飞行模拟器和模拟器病的前兆。有人认为这种干预是不必要的，但模拟器病对飞行员学习和执行能力的影响其实远超人们的想象，以至于需要修改训练大纲或研究方案从而尽量减少模拟器病对飞行员的影响。

模拟器病的影响并不限于模拟器训练本身，最严重的可能是它所带来的后遗症。在某些飞行模拟器中，转向感和姿势稳定性问题甚至经常会持续 8~10 h（Kellog、Castore 和 Coward，1984 年）。最近的一项调查发现，一些飞行员的模拟器后遗症可以长达 24 h（Ungs，1989 年）。这些后遗症存在极大的安全隐患，特别是飞行员在飞行模拟器中训练后需要操纵飞机时，要及时采取预防措施，确保那些出现模拟器病的飞行员能够意识到这种现象的潜在后果。

模拟器病症状的强度可以降低，但在可预见的将来，某些飞行模拟器如何使用可能仍然是一个严峻的问题。在需要大量持续的低空机动的任务环境中，开发者和用户需要确认水平视景是否过宽，以及训练效果能否抵消模拟器病带来的潜在问题。

8.3　动　感　模　拟

在前面一章中已经讨论过了飞行模拟器中的全身动感模拟问题。但是，动感模拟的本质困难是，如果想要完全复制飞机飞行的各个方面，那么会严重影响动感模拟的逼真度。通过复制必要的加速度从而再现飞机在飞行中可能遇到的所有力量，这基本上是不切实际的，至少对于训练设备来说，这一方法成本过高。当然，也有成功的例子，主要集中在研究设备中，它们用来再现飞行的平移或旋转加速度的某些部分，并取得了一定的效果。但在模拟所有飞行轴线上的加速度时，其实际困难依然存在。特别是对于飞行训练设备，由于运动平台的设计限制非常严格，因此也引发了人们对其飞行模拟训练价值的关注。

提高运动系统性价比的最佳途径是确保运动信息在飞行员训练和评估中的价值。这就需要对飞行任务执行过程中特定机动和干扰运动信息的作用进行详细研究。一旦确定了这一点，动感模拟设备就可以仅提供飞行员所需的运动信息。在民航中，有一些特定的法规要求在某些类型的训练中只能使用三自由度和六自由度运动系统,然而,只要动感模拟设备中的其他元件不会因增加运动平台产生不利影响,那么该方法还是可行的。这种定义动感模拟要求的方法不仅更具成本效益,而且允许开发和应用新的动感模拟技术,不必拘泥于目前使用的传统运动平台。

对于那些需要全范围运动信息(包括接近飞机结构极限的运动信息)的人来说,地面设备可能不是最终答案,因为地面设备很难兼顾完全的逼真度与成本。机载测试或训练系统可能是满足物理动感逼真度要求的唯一可行答案。

8.4　适应性和补偿性技能

在飞行模拟器中判断感知逼真度的一种方式是,越逼真的飞行模拟器越不需要飞行员刻意调整他(她)的飞行技能来弥补设备的设计限制。因此,一名经验丰富的波音 B-737-700 飞行员应该能在不改变现有技能或增加新技能的情况下操纵 B-737-700 飞行模拟器。同样,那些在飞行模拟器中接受过足够训练的飞行员也应该能够熟练驾驶飞机,无须修改或放弃在飞行模拟器中获得的技能。

尽管飞行模拟器技术有所进步,但也很难实现上述的理想情况。所以,感知逼真度的目标应该是最大化地实现训练迁移,这样一来,设计者需要考虑的是如何衡量适应性的问题,解决该问题的一个方法是确定补偿性技能的存在。

在早期的一项研究中,Caro(1988 年)发现了简单座舱模型用于训练程序性技能的可行性,该模型没有功能控制,但与全功能的程序训练设备一样有效。这一发现对飞行模拟器成本带来的影响是巨大的。然而,Caro 也指出,为了最终完成模型中的程序性技能培训,飞行员在这期间会衍生出他所说的一些"调和"技能。当飞行员操纵飞机时,这些补偿性技能必须放弃。Caro 报告称,这项工作完成得相当快,而且没有明显的困难。然而,补偿性技能的学习和放弃需要时间和精力,而这些时间和精力本可以用于更有价值的技能学习。此外,一些训练计划,尤其是那些基于零飞机训练时间的训练计划,可能无法承担这些补偿性技能迁移到飞机上的风险,即使此类技能对飞机安全来说是相对无害的。

受训飞行员发展补偿性技能是训练设备设计不当的一个明显表现。然而,还有许多对飞行模拟器缺乏感知逼真度的适应形式是不明显的,并且对训练迁移会产生意想不到的后果。正如前面章节所述,不考虑飞行员感知过程的视景模拟系统很容易引入对正常深度和距离感知的失真。严重的程序和操纵延迟,特别是涉及闭环操纵任务时,其延迟也可能导致补偿性技能的发展。

有许多方法可以加速飞行员对飞行模拟器的适应(Welch,2002 年),但是需要对训练价值和成本进行权衡。首先,飞行员对飞行模拟器的适应,无论是以感官或感知运动的形式,还是以补偿性技能的形式,都需要一定的时间和精力,而飞行员可以将这些时间和精力用于其他目的。其次,适应的结果在飞行模拟器中可能不太容易观察到,因为结果如何只能在实装飞机上才能体现,而且往往是出现在危险的情况下。例如,飞行员在操纵输入和视景或模拟仪表的响应之间可能存在明显的程序或操纵延迟,这会导致发生一些完全不适合飞机的操纵行为,如果是发生在起飞和着陆等关键飞行阶段,这些行为不仅危险,而且很难纠正。当然,随着时间的推移和教员的帮助,这些补偿性技能可以逐渐退化,但也不可避免地降低了飞行模拟器作为训练设备的整体效果。

一般来说,越是要求飞行员适应飞行模拟器的特性,越是证明飞行模拟器设计缺乏必要的感知逼真度,尤其是当飞行员已经熟练地掌握了模拟飞机的操作时。避免这种情况应成为飞行模拟器设计的重要原则,这也应该成为所有飞行模拟器批准的监管要求的一部分。

8.5　用户动机

尽管模拟技术取得了巨大的进步,但飞行模拟器毕竟是地面设备,不能用于飞行。用户的动机,包括受训飞行员和教员,都会或多或少地认为飞行模拟器只是一个固定在地面上的人造环境。尽管每次都试图创造一个使飞行员"沉浸"在飞行任务中的环境,但飞行模拟器不能使飞行员暴露于与实际飞行相关的固有危险中。因此,如果从受伤或死亡的可能性来看,任务的训练和评估必然会受到影响。例如,机组人员在评估场景中,经常会遇到目的地机场不断恶化的天气状况。为了做出正确的决定,机组人员必须对继续飞往目的地的相关风险进行评估。通常,此类评估包括安全问题和乘客不便等因素。而在飞行模拟器中,不存在相关的安全问题,因此飞行员将倾向于更严格地应用公司指南和其他非安全问题。一部分原因是没有真正的危险，还有一部分原因是机组人员知道他们的表现正在被观察。然而，有记录显示，同样的情况下，机组人员在现实中会尝试潜在的危险着陆，但他们在飞行模拟器中不会这样做，因为他们知道自己正在被观察和评估。由于飞行员存在这些与实际不符的动机，所以飞行模拟器不太可能用于评估风险行为。但这并不意味着不能在飞行模拟器中对决策过程和策略进行评估，只是应该了解评估的局限性。

用户动机也影响着飞行模拟器的训练价值和效益，尤其是对于那些使用飞行模拟器进行培训和评估的教员。认为飞行模拟器不够好的教员通常会直接或间接地将他们的想法传达给受训飞行员。用户对飞行模拟器价值的接受程度会严重影响教员教学和受训飞行员学习飞行任务的积极性，并且会渗透到飞行模拟器设计的许多问题中，这些问题通常被认为是简单的工程问题，用户对飞行模拟器运动平台的偏好就属于这一领域，即使没有证据证明运动平台对训练是有效的，但用户仍然更愿意认为具有运动平台的飞行模拟器更具价值。

在飞行训练设备中，被评估者的动机也会影响飞行模拟器设计的评估方式。对初学者来说，他们不太可能将故障归因于飞行模拟器的设计（无论此类故障是否实际存在）。对于那些经验丰富的飞行员，尤其是在飞行模拟器中接受过评估的飞行员，会很快地将故障分配给飞行模拟器，从而解决他们自己的绩效问题。

某些期望也可能影响飞行员的行为。由于飞行模拟器广泛用于评估飞行员和机组人员在非正常操作条件下的表现和熟练程度，因此，飞行员在飞行模拟器中训练时会希望遇到一些故障，但在实际飞行时这种情况是不被期待的。例如，喷气式飞机的发动机故障非常罕见，但飞行模拟器发动机故障场景在训练中是很常见的。在飞行模拟器中遇到故障时，飞行员可能会非常兴奋，并积极地应对，这本身就可能会使他们在飞行模拟器中的表现比在实际类似情况下的表现要好得多。所以在飞行模拟器中负责飞行员评估的人员应充分考虑这种情况，对飞行员的绩效标准予以适当的调整。

8.6　系统架构

　　飞行模拟器和类似的飞行训练设备是非常复杂的设备,基本上是由大量自定义组件手工制成的。这些设备的系统架构通常不对外部设备设计人员开放。所以,组件的开发人员并没有一个开放的架构来支持技术的进步(例如 PC 行业)。从这个角度来说,飞行模拟器技术的一个明显缺点就是系统架构相对封闭。模拟技术的许多领域(如视景模拟和通信)远远落后于 PC 行业的发展。虽然现代飞行模拟器大多数用的是低成本的 PC,但其中的许多技术仍是专有的,硬件和软件都是如此。这种封闭系统架构不仅成本高,而且无法适应技术和软件开发的快速发展。图形、技术、人工智能、语音技术和其他软件领域的进步使许多现有的飞行模拟器设计已经过时。此外,在飞行模拟器上投入大量培训资金的用户无法利用商用现货(commercial-off-the-shelf,COTS)组件,因为它们无法集成到现有的专有架构中。对用户来说,它们希望飞行模拟器能够使用 10 年或更长时间,快速和低成本地升级现有飞行模拟器对于满足飞机航空电子设备和其他技术的变化是至关重要的。

　　飞行模拟器行业的封闭系统架构有许多经济方面和其他方面的原因,但至少该模型确保航空界遏制了设备的成本趋势,转而研究更加适合行业标准的、成本更低的开放式系统架构,使培训机构能够获得更高逼真度的设备。更重要的是,COTS 技术的应用将使飞行模拟器逼真度、训练效率和对用户群体的整体价值得到更快速的提高。

8.7　成　　本

　　虽然技术和用户因素会影响到飞行模拟器的使用,但其高昂的费用仍然是航空界扩大使用范围的主要障碍。除了采购成本外,设施、维护和必要的升级都会给缺乏管理能力的培训和研究机构带来沉重的经济负担。此外,飞行员的培训也是一项重要的开支,但它对公司的利润或完成军事任务并没有直接贡献,因此需要不断削减成本。无论是军用还是民用任务,飞行模拟器和相关设备必须通过它们对用户的贡献来证明其成本的合理性，最直接的贡献就是能够减少在飞机上的训练时间，另一个贡献就是能够降低事故和事件的发生率，提高运营效率。

对于商业航空公司和军事组织来说，使用飞行模拟器训练的好处远远超过这些设备的成本。这是因为他们运营飞机的所有权和运营成本对这些组织来说是非常高的，因此使用飞行模拟器代替飞机是完全合理的。例如，在撰写本书时，一家商业航空公司的 FFS 成本大约是它取代的实装飞机的十分之一。但要注意，尽管飞行模拟器的成本比飞机低得多，但这些设备很容易就会超过千万美元。因此这些公司的培训管理部门仍然很注意去尽可能地降低成本。也正是出于这个原因，飞行模拟器制造商必须不断努力降低制造和开发成本。

航空界的其他部门更难以承受现代飞行模拟器的成本。与民航和军事训练行动相比，许多小型包机和通用航空业务只能有限地使用模拟技术。对这些运营商来说，他们很难接受培训设备的成本，因为他们经营的飞机的成本远低于商业航空公司或军事组织。例如，通用航空 FTD 的成本通常是它取代的实装飞机成本的一半左右，小型螺旋桨飞机的运营成本也远低于大型涡轮喷气式飞机，因此用造价昂贵的地面飞行模拟器进行培训显得不太必要。

由于低成本的微处理器技术的出现，FFS_S 和 FTD_S 的成本有所降低。许多较新的飞行模拟器依靠 PC 处理器来操作。此外，以前依赖昂贵的液压驱动系统的运动平台现在可以使用便宜得多的电力驱动系统。尽管价格较低，但目前全世界大约只有 1 000 台 FFS 设备在运行。虽然目前尚不清楚投入运行的 FTD_S 的确切数量，但不可能超过几千个，与世界上数十万飞行员相比，这项技术的普及率还很低。一般来说，只有很小比例的飞行员才能接受到成本更高的 FFS 系统的培训。

8.8　规 章 制 度

目前，民航也许是监管最严格的企业。从飞机适航性、空域管制到飞行员培训和评估，各个方面都建立了配套的政府法规和标准。因此，对飞行模拟器的认证和使用进行严格监管也就不足为奇了。目前飞行模拟器设计的三个级别 FFS、FTD、PCATD，以及最新的航空训练设备（ATD）类别，都会受到美国、欧洲和其他国家政府的审查。

政府对飞行模拟器的设计和运行都有明确的规定。在设计层面,监管机构主要负责监管不同设备类别的逼真度标准(通常为物理保真度)。比如一些主要用于仪表训练的设备(如 ATD 或 FTD),必须达到仪表飞行所需的一定的物理逼真度水平。最基本的是需要提供姿态指示器和定向陀螺仪之类的仪表,并且功能要齐全。更先进的飞行模拟器(如 FFS 类别的飞行模拟器)需要满足更严格的物理逼真度要求,如视景模拟、动感模拟和地面操纵特性等。

飞行模拟器在运行时也要遵守相关的规定。在运行期间主要监管的是给定设备获得授权的"可记录时间"。可记录时间是指飞行员在飞行模拟器中花费的时间,对特定的评级、资质认证或通用要求而言,这些时间是可记录的或可信的。例如,仪表评级需要有 40 h 的仪表飞行时间,FTD 通常要求至少要有 20 h 的飞行模拟器时间。然而,法规要求,只有在经过认证的飞行教员在场指导飞行员进行飞行模拟器训练时,这个时间才是有效的。也就是说,飞行模拟器可记录时间通常要求必须有经过认证的飞行教员或检查飞行员在场,这是可记录飞行模拟器时间的通用规定。这条规定也适用于确保飞行模拟器设备在其认证的原始规格范围内得到定期维护。此外,对于经过认证的大型 FFS 的经常性检查比其他类别的飞行训练设备更为严格,这在一定程度上是由于 FFS 设备经常被作为零时间训练系统,即飞行员会在该飞行模拟器中接受所有训练,无须到飞机上。

飞行模拟器设计的监管要求会确保那些旨在取代部分或全部飞机时间的设备能满足最低标准,但这往往会大大减缓技术的进步。其中有一部分原因是相关监管机构的飞行模拟器认证过程比较缓慢,这会导致引入新的组件技术和设计概念成为一个困难和漫长的过程。此外,对飞行模拟器认证的监管要求给开发过程增加了重大风险,因为飞行模拟器可能不符合认证要求,或可能必须要增加很多成本才能满足认证要求。认证延迟和成本增加的风险使人们更加难以认可对飞行模拟器设计和制造方面的长期投资。

8.8.1　老式设备

飞行模拟器监管标准的变化必然会与大量现有或遗留的设备相抗衡,这些设备有的在航空界已有 20 多年的历史,这意味着有某些重大变化的标准必然很难实施,因为它们可能会取消很多在用设备的认证。对培训组织来说,为了应对这些变化,必须对旧的训练设备进行升级或更换;对监管机构来说,他们更趋向于慢慢地推进飞行模拟器技术的设计改进,而不是在新技术或设计出现后立即推进,采用这种飞行模拟器设计方法的后果是目前飞行模拟器中使用的技术往往比其他许多领域要落后得多。

要从实质上修改监管要求本身就是困难的。如果考虑成本效益,就需要对飞行模拟器的认证过程进行改进。其中一种方法是将监管要求从未经证实的设计规范转向基于性能的设计评估。也就是说,飞行模拟器的设计标准不再是基于特定时期的某一项技术,而是已被证明过对特定飞行员培训和评估大纲有益的性能。例如,如果证明动感模拟对中心推力涡喷飞机飞行员的训练并不重要,那么就不必要求从事这类训练的培训机构购买带有动感模拟功能的飞行模拟器。这种基于性能的设计标准也可应用于其他模拟器组件,包括动态操纵负荷、大视景模拟、视景显示有效分辨率等。如果能根据实际需要调整飞行模拟器设计标准,飞行模拟技术的发展更有可能产生具有成本效益的解决方案。

8.9　小　　结

尽管飞行模拟器技术在过去几十年中取得了一定的发展,但飞行模拟器的设计和使用仍具有一些固有的局限性。其中一方面属于人和系统集成的问题,如模拟器病、用户动机,以及动感模拟和补偿性技能发展的局限性等,都需要在飞行模拟器设计和使用时予以考虑。另一方面,成本、监管等因素对该技术的发展和效用具有更广泛的影响,尤其是后者,至今仍被认为是航空界使用飞行模拟器的重大障碍。

第9章　飞行模拟研究进展

9.1　引　　言

纵观飞行模拟器技术的历史,先是经历了革命性的变革,之后是渐进式的改进。二者以微处理器技术的引入及其计算能力的快速增长为界,自那以后,飞行模拟技术的发展大多是渐进式的,在视觉显示、运动平台、声音模拟和其他领域都有微小但显著的改进。飞行模拟技术的进步是最值得关注的,因为飞行模拟技术是提高飞行模拟训练价值和研究价值的重要基础。在本章中,我们研究了一些比较重要的技术进展,这些技术或是目前正在使用,或有可能在未来使用,但它们的出现通常并不是为了飞行模拟器,而是为了一些其他不相关的目的开发的。

9.2　图像生成和显示

在飞行模拟早期,为飞行模拟器创建动态、逼真的视景的愿望就一直存在。在微处理器革命到来之前,图像生成最早是用高分辨率摄像头扫描模型板,用于图像生成的早期摄像机地形模型如图 9.1 所示。模型板按比例缩放到固定尺寸,覆盖特定地形或感兴趣的区域。机场、建筑物、地面车辆等物体的三维模型也按照相同比例缩放构建,并放置在地形模型板上。与此同时,一个带有可变焦镜头的摄像机被放置在龙门架上,它能够像飞机一样在 3 个相同的运动轴线上移动。这样,当摄像机在模型板上移动时,产生的图像就会显示在飞行员面前的监视器或投影系统上。这样的系统有一个明显缺点,就是它所产生的视觉图像和可以显示的区域大小非常有限。然而,在现代 CGI 系统开发之前,这已经是唯一具有足够细节和灵活性的系统了。

（图片由 NASA 提供）

图 9.1　用于图像生成的早期摄像机地形模型

9.2.1　卫星图像

后来,CGI 的发展极大地扩展了视景模拟的区域,先进的视觉纹理系统也是如此。然而,当面对 VFR 越野飞行训练或涉及低空飞行的长距离军事任务时,CGI 系统也难以满足其所需的非常大的视景区域。由此可见,用现有的 CGI 系统建造大规模的、高度精细的视景区域仍然很困难,成本也很高。

卫星图像是 CGI 和纹理填充技术的一种替代方案。直到最近,地球轨道卫星的高分辨率图像仍仅限于政府使用。然而,随着商业卫星图像的出现,公众和飞行模拟器设计者都可以获得高分辨率图像。由于卫星图像是从数百英里外的空间轨道卫星上拍摄的,因此可以覆盖数百海里,其细节程度取决于卫星的轨道高度,但最重要的是取决于卫星摄像机的分辨率(通常以 m/px 为单位进行测量)。5 m/px 分辨率表示能够分辨 5 m^2 范围内的物体,1 m/px 分辨率图像可分辨 1 m^2 范围内的物体,以此类推。洛杉矶国际机场的卫星图像如图 9.2 所示。

在视景模拟中,无论是使用卫星图像还是其他照片图像,图像分辨率都决定了场景要看起来逼真需要达到的最低高度。由于数字图像具有固定的分辨率,在低于最低高度时,飞行模拟器图像将变得模糊,这种模糊或像素化与"放大"数字图像的效果是相同的。与 CGI 三维物体图像不同,照片图像没有垂直维度,因此这类图像需要与其他成像和地形建模技术结合才能实现三维效果。在这些图像中添加高程数据对飞行模拟器的使用过程是特别重要的,这样可以与已公布的航空图相对应的高程水平处呈现图像细节。

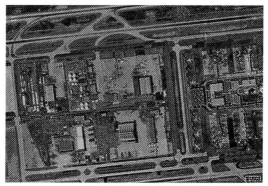

(a)4 m/px分辨率

(b)0.25 m/px分辨率

(图片由美国地质调查局提供)

图 9.2　洛杉矶国际机场的卫星图像

　　利用数字卫星图像和各种地形建模技术,可以在飞行模拟器中提供非常逼真的视景图像。在图 9.3 中,结合数字高程建模的数字卫星图像显示了秘鲁阿雷基帕市附近 E1 Misti 火山的细节(原始图像是彩色的)。这座火山高出它下面的城市 5 822 m。

（图片由 NASA 提供）

图 9.3　结合数字高程建模的数字卫星图像

9.3　感兴趣区域的显示

　　许多飞行模拟器的视景显示系统只需要有限的 FOV 来满足设备的训练或研究目的。这些设备的显示要求由第 1 章介绍的现有技术就可以实现。然而，一些飞行模拟器对于显示系统所需的 FOV 和分辨率都有更高的要求。

　　超大 FOV 和较高的有效分辨率的组合是战斗机和一些作战直升机模拟器的典型特征。这两种类型的飞机都有非常大的 FOV，因为飞行员需要在空中或地面对小目标进行远程探测和分类。要提高这种大型 FOV 的有效分辨率不仅困难，且造价昂贵，这严重限制了它们在训练界的应用。反过来，也限制了飞行模拟器逼真度的发展。

　　针对以上问题，提出了一种更具成本效益的解决方案。在视觉显示器中，仅有非常小的一部分区域需要提供高分辨率，也就是飞行员在特定时间关注的区域，我们称之为感兴趣的区域。由于飞行员的视觉敏锐度大部分是集中在眼睛的中心或附近，因此只需要在飞行员实际观看的地方提供高分辨率即可。这种情况导致了所谓的视景多分辨率显示器或感兴趣区域（area-of-interest，AOI）显示器的发展，即在显示器中，飞行员关注的区域显示分辨率较高，其他区域分辨率较低。飞行员关注的位置由 AOI 显示系统通过头控或眼控定位系统确定，头控或眼控系统会向图像生成和显示系统反馈飞行员的观看位置，以及需要提供最高分辨率的区域。

　　理想情况下,使用 AOI 显示系统的飞行员不会意识到只有他或她直接观看的区域才有极高的有效分辨率。显示系统会使图像中心的分辨率最大化,并在飞行员的可视边缘降低分辨率。这种操作必须在飞行员无意识的情况下完成,所以对飞行员当前感兴趣区域的确定必须是高度可靠和准确的。最逼真的效果应是让飞行员认为 AOI 显示系统所呈现的图像在显示器中的任何区域都具有高分辨率。

　　AOI 显示系统节省下来的计算量非常可观。最近一项对 AOI 显示系统研究的总结表明,此类系统可能会对飞行模拟器视觉系统设计及其成本产生重大影响(Reingold、Laschky、McConkie 和 Stamp,2003 年)。研究发现,与使用恒定高分辨率图像生成的视景相比,AOI 显示系统的图像渲染时间减少到之前的 $1/4 \sim 1/5$,所需的多边形数量减少到之前的 $1/2 \sim 1/6$,所需的像素减少到之前的 $1/35$。

　　与传统显示系统相比,AOI 显示系统是更具有成本效益的替代方案。传统的显示系统中,要求在非常大的 FOV 上显示非常高分辨率的图像。从维护成本来说,AOI 显示系统确实存在劣势,因为需要复杂的头控和眼控组件来完成操纵。

　　然而,AOI 显示系统可以满足航空培训界对视景显示的特殊需求。综合来看,AOI 显示系统是否适用于特定任务需要对具体任务进行具体分析。在一定时期内,对于那些需要在非常大的 FOV 上提供足够有效分辨率的飞行任务,AOI 显示系统可能是最佳选择。

9.4　计算机生成的仪表

　　从飞行模拟诞生之日起,对飞机座舱仪表的模拟就是设计者必须面临的挑战。为了具备必要的物理和功能逼真度,模拟的座舱仪表(如姿态、高度、空速等)通常与飞机上使用的相同,但要为适应地面操作进行一定的修改。这种基本的设计至今仍在大多数飞行模拟器中可以见到。在飞行模拟器中使用实际的飞行设备造价昂贵,并且仪表内复杂的电机和驱动系统会产生飞行模拟器维护和可靠性问题。使用实际的飞行设备还会使飞行模拟器座舱的改装更加困难。

　　近年来,利用计算机生成图像的方式来模拟仪表是常用的设计方法。与在飞机上单独使用的模拟式仪表不同,数字式模拟仪表只是将整个仪表阵列显示在仪表板上的一个或多个计算机显示器上。仪表的数字图像显示在与飞机相对应位置的显示器上,随后再将包含各种仪表控制旋钮和开关的仪表面板覆盖上去。

　　计算机生成的仪表不仅解决了传统模拟仪表带来的可靠性和维护成本等问题,而且可以更快速地对飞行模拟器驾驶舱进行重新配置,从而适应不同机型的仪表。此外,随着飞机数字航空电子设备技术的快速变化,旧的飞行模拟器已经无法适应新的航空电子设备。利用计算机生成的仪表可以方便快捷地对现代飞行模拟器进行改进,从而提高设备的价值,增加其寿命。

9.5　操纵负荷和操纵品质

　　在前面的章节中,我们详细讨论了操纵负荷系统在飞机操纵质量模拟中发挥的作用。操纵负荷未来的发展趋势是降低开发系统的成本和复杂性,这样不仅对高级飞行模拟器来说更经济,而且能够提高训练设备的逼真度和操纵品质。

　　操纵负荷的主要发展趋势可能会是从复杂和烦琐的液压控制系统转向电子力矩电机和力反馈系统。在过去 10 年中,受 PC 游戏市场需求的推动,这些力反馈系统取得了迅猛的进展。增加基于微处理器的数字控制系统和改进的软件工程后,新的力反馈系统更适用于许多飞行模拟器的操纵负荷系统。许多通过昂贵的液压操纵负荷系统不能证明其合理性的训练设备有望通过这种低成本的力反馈系统来实现其更真实的操纵特性。

9.6　动 感 模 拟

　　随着液压驱动系统逐渐被电子扭矩驱动系统所取代,运动平台也在不断发展。这种转变与操纵负荷系统的技术变化很相似,因为二者都是为了降低飞行模拟器的成本,且取代液压控制系统也将减少与该系统相关的维护问题。

全身运动平台中更大的变化来自于现有的对飞行模拟器动感模拟监管要求的变化。目前,只要现有的 Stewart 平台的设计满足监管要求,就几乎没有理由去改变现有的 Stewart 平台架构,预计三自由度和六自由度运动平台将会一直作为动感模拟的标准,除非监管要求发生变化。

改变现有监管要求应该是为了提高动感模拟架构的效果,而不是简单地只考虑用户接受度的问题。虽然后者对于设备的营销很重要,但用户的否认不应该作为监管要求变更的理由。对动感模拟需求的分析应侧重于具体的飞机训练要求,并对运动平台进行相应工程方面的调整。许多飞机的训练需求很有可能通过极小一部分动感模拟就可以满足,或者根本就不需要动感模拟。为动感模拟设备专门制定设计要求意味着动感模拟技术可以在现有的监管条件下带来更大的成本效益。

可以想见,除了运动平台之外的技术将进一步发展,并且更容易在所有类型的飞行模拟器中推广,尤其是那些能够提供有限干扰信息(包括振动触觉信息)的设备,它们可以用来提高培训时飞行员和教员的感知逼真度,而不是为了改变监管要求,除非设备的成本极低且其可靠性和可维护性极高时,才会出现这种情况。

9.7 教 学 技 术

由于飞行模拟器主要用作训练设备,因此它们本质上是一种教学技术。然而出乎意料的是,与提高飞行模拟器逼真度相比,人们在提高飞行模拟器训练效果方面投入的精力非常少,造成这一现象的原因是大多数人仍认为飞行模拟器复制得越逼真训练效果就越好。因此,设计者和飞行训练机构的注意力再次集中在飞行模拟器的物理逼真度上,这严重违背了飞行模拟器作为教学设备的初衷。

虽然飞行模拟器在教学方面的进展不如在其他领域那么显著,但也取得了一些成绩。通常,用于训练的现代飞行模拟器将配备教员控制台(instructor operator station,IOS)。IOS 是教员和飞行模拟器之间的主要用户界面。现代飞行模拟器的 IOS 领域已经广泛应用数字计算机技术,而早期的模拟系统无法做到这一点。通过 IOS，教员现在可以控制飞行模拟器及其所有元件。飞行模拟器的训练场景可在培训前预先编程，从而纳入培训场景的各个方面，如机场、天气、路线、模拟空中交通和其他场景组件。教员也可在课程中预先设置或手动设置飞机系统故障。大多数 IOS 系统还将为教员提供飞机状态参数和其他飞行模拟器数据，并实时记录用于复盘分析。

9.7.1　计算机辅助教学

现代 IOS 系统为教员设置培训课程提供了一个潜在的有力工具。然而，飞行模拟器的训练价值在很大程度上仍然取决于教员的应用能力。虽然目前尚不清楚教员的教学技能对飞行模拟器最终训练效果的影响，但可以肯定的是它们的作用是相当大的。

飞行模拟器或飞行训练设备是一种由计算机驱动的综合训练系统。因此，基于计算机的训练技术对飞行模拟器都适用，并且可能会大大提高飞行模拟器的成本效益。如将计算机辅助教学（computer-assisted instruction，CAI）与人工智能结合起来，应用在飞行模拟器训练环境中，可以协助飞行员完成许多常规飞行任务。

智能 CAI（Intelligent CAI），或简称为 ICAI，可以代替教员在飞行模拟器上完成许多简单、重复性的训练。许多仪表训练任务，如等待航线、无线电导航、仪表进近等，都是 ICAI 系统的备选任务。ICAI 系统的应用有以下几个基本标准：(1)可以客观地评定任务执行成功；(2)通过计算设备可以对任务执行情况进行监控和记录；(3)系统可以反馈受训飞行员的操纵情况；(4)教员可以管理和监督受训飞行员的任务进度。后者特别重要，主要基于以下两点考虑：首先，对模拟机培训时间的记录有明确要求，教员要有一定程度的监督。其次，教员对受训飞行员的指导负有法律责任，并且需要了解受训飞行员在操纵期间存在的问题（如果存在的话）。

上述的第 3 个标准，即是对受训飞行员操纵情况的反馈，对于任何学习环境都是必不可少的。受训飞行员需要知道任务是否已成功执行，哪里出现了错误，以及如何纠正这些错误。ICAI 系统不仅可以判断任务执行情况，还要向受训飞行员提供反馈信息，帮助他们提高操纵能力。在传统的 ICAI 系统中，这种反馈通常是以显示文本的形式进行的，但在飞行模拟器中，使用更高级的语音显示系统可能更合适。此外，ICAI 系统可使用高级语音识别系统使受训飞行员能够利用正常语音完成系统查询,这样就不需要依靠计算机键盘或触摸屏之类的设备,效率会更高。

最初,ICAI 系统主要是用于飞行模拟器的一些经常性训练任务或强化训练任务中,这些任务一般要么是不需要飞行教员,要么就是训练要求没那么严格。当然,ICAI 系统可能更适用于程序训练器或 FTD,因为相比于设备本身来说,教员的成本更高,因此,减少教员的投入可以节省更多成本。

9.7.2　视觉显示增强

具有视景模拟的飞行模拟器可能会利用 CGI 系统的灵活性来增强视景显示能力,从而强化视觉飞行任务的训练。虽然视觉模拟主要是为了更逼真地显示真实世界场景而设计的,但它们具有更多的功能。

Lintern、Roscoe、Koonce 和 Segal(1990 年)的一项研究就是利用视觉显示增强来强化飞行员训练的例子。在这项研究中,刚开始基础飞行训练的学员在没有显示系统的地面教练机上进行视觉飞行模拟器的进近和着陆任务的训练。之后,又使用视觉显示附件进行了额外的训练。这些学员被分为两组,对于第一组来说,正常的视景模拟显示通过一系列与航道两侧对齐的视觉进近高度引导信息得到增强,还会收到叠加在视景上的飞机速度矢量符号[①]的预测信息。第二组,也就是对照组同样接受了视觉显示的训练,但没有增强的视景和速度矢量信息。与对照组相比,使用增强视觉显示系统的飞行员训练 2 h 比在飞机上平均节省了 1.5 h 的飞行时间(9.8 次着陆)。在这项研究中,视觉显示增强以极低的成本显著提高了飞行模拟器的训练效率。

当新手飞行员难以判断飞行任务中的视觉信息时,视觉显示增强往往具有更大的潜在价值。通过在其他视觉飞行任务中进行对照实验,可以证明视觉显示增强与飞行模拟器训练对比确实有额外的优势。特别是在空战训练中,视觉显示增强可以显著提高军事模拟飞行训练效率。

此外,视觉显示增强还可以用于视景模拟逼真度较低的飞行模拟器中。与其提供必要的场景逼真度(这可能会产生相当大的成本),不如使用人工线索对场景进行增强。然而,需要仔细检查用于这一目的的视觉显示中增强线索的潜

---

① 速度矢量符号是为了告知飞行员在如果不改变飞机速度矢量的情况下,飞机将在何处与地面或空间中的另一个点相交。

力,以便发现可能出现的负面转移效应。

9.8　小　　结

飞行模拟器视景模拟的发展主要是通过卫星图像和地形建模来实现的,目的都是为了提供具有更大的视觉区域和更高水平的图像细节。对于那些需要非常大的视场和有效分辨率(仅受人眼分辨率限制)的系统,在可预见的将来也许会使用某种形式的注视追随或 AOI 多分辨率技术进行改进。随着微处理器和电子扭矩电机的发展,在力反馈系统中应用得更加广泛,这一进步显著提高了飞行模拟器的操纵品质,尤其是对于那些低成本的 FTD 和类似设备。此外,通过使用 ICAI 和其他教学技术(如视觉显示增强)也可以提高飞行模拟器的训练效果。

第 10 章　飞行模拟与航空研究

10.1　引　　言

飞行模拟器的设计和开发已有 70 年的历史,其主要目的就是将其用于飞行员的训练和评估。从这个角度来说,飞行模拟器是一项高度复杂的技术,它成功地为飞行员训练创造了一个地面综合环境。但是,如果不提飞行模拟在航空研究中的作用,任何关于飞行模拟的讨论都是不完整的。

与用于训练的飞行模拟器不同,在研究中对使用的飞行模拟器要求有非常高的物理逼真度。一般来说,可以分为两大类。第一类飞行模拟器是专门为特定研究计划(例如对飞机操纵品质的研究或座舱的优化设计)而开发的,第二类飞行模拟器是在那些最初用于训练的飞行模拟器上经过改进而来的。这些设备的优点是成本较低,且内置在训练设备中的可靠性高。尤其是在不需要对飞行模拟器设计进行大量修改或更改的研究项目中,它们的作用更加明显。

研究类飞行模拟器也有不同的用户群。这类性质的飞行模拟器通常由科学家和工程师设计与使用,相比于训练类飞行模拟器来说,研究类飞行模拟器更有可能由经验丰富的飞行员驾驶,因为他们对逼真度的要求更高。此外,研究性质的飞行模拟器硬件和软件要易于修改,目的是方便对飞机或飞行模拟器的设计特性进行对比测试,对操纵特性和视景显示的更新率的要求也是如此。在这方面,研究类飞行模拟器的设计要求与训练类飞行模拟器有很大不同,训练类飞行模拟器的设计是固定的,修改可能不仅不切实际,而且被法规禁止。

准确和完整地记录飞行模拟器在各种情况下的性能要求研究类飞行模拟器具备大量的仪表,然后以极高的采样率记录下飞机和飞行模拟器的性能参数。在一些需要修改飞行模拟器以适应音频、视频和其他记录系统的研究中,还需要对飞行员或机组人员的行为进行额外的记录。

　　研究类飞行模拟器的设计者也需要解决逼真度的问题,甚至比训练类飞行模拟器的逼真度更重要,因为许多研究都是基于模拟器与飞机是完全等效的假设。训练类飞行模拟器也许只能实现一部分的训练迁移,但研究人员必须百分百地相信研究设备的实用性,才能将飞行模拟器中得出的结论推广到实装飞机上。这种对极高逼真度的要求不仅增加了其组件技术的复杂性和鲁棒性,还大大增加了这些设备的成本。也正是如此,特制的研究类飞行模拟器数量相对较少,通常由政府机构或大型公司拥有和运营。

10.2　应用研究

　　飞行模拟器在航空研究中发挥的作用千差万别,几乎涵盖了飞机运行的各个方面和航空界的每一个要素。各大民用和军用飞机制造商在飞机设计和评估过程中都会使用研究类飞行模拟器。航空电子设备开发人员还会使用飞行模拟器来测试新概念,然后再将其应用到实装飞机上。研究类飞行模拟器还用于评估新型和改装飞机的操纵特性,它们被广泛用于研究座舱设计中,从而改进飞行员训练。研究类飞行模拟器还可用于评估机场配置的拟议变更,包括机场跑道设计的拟议改进。军用航空使用飞行模拟器来评估模拟空战任务中的武器和战术。

　　飞行模拟器的以上和其他研究方面的应用不仅证明了该技术的价值,而且表明了研究人员对飞行模拟器的信心,即他们认为飞行模拟器可以有效地代表给定的飞机及其操作环境。为了更详细地说明飞行模拟在航空研究中的应用,以下章节会进一步展开说明此内容。

10.2.1　座舱设计

　　随着微处理器的出现和视觉显示技术的发展,民用和军用飞机座舱在过去几十年中都发生了巨大的变化。在民航领域,商业航空公司的飞机座舱经过数十年的设计,可容纳 2 名飞行员和一名飞行工程师。随着微处理器技术的进步,座舱逐步实现自动化,飞行工程师不再作为刚需。飞行模拟器在协助设计人员解决复杂的座舱配置问题方面发挥了重要作用,这使只有 2 名飞行员就可以完成飞行操作成为可能。在地面飞行模拟器中还可以对座舱布局方案、新的航空电子系统及新的飞行管理和诊断系统进行安全有效的评估,让飞行员有机会在飞机制造之前就可以实现"驾驶"新的座舱。

军用座舱的设计也受到计算机和显示技术发展的影响,但设计也受到一种名为"电传"(fly-by-wire)的新技术的影响。在操纵飞机控制面(如升降舵和副翼)时,这项技术用计算机控制的电子执行器替代了传统的电缆和液压系统,通过简单、轻便的线路连接到飞行员控制装置。飞行员不再直接操纵控制面,只是向飞行控制计算机发送控制信号,就可以完成所有操作。这种设计消除了飞行员对座舱内烦琐和沉重的控制装置的需求,取而代之的是更小的控制装置,对空间的要求大大降低。因此,位于座舱中央的操纵杆最终被一个侧臂控制器所取代。座舱设计者现在可以利用新的显示技术,对飞机座舱的整体设计进行实质性的改进。飞行模拟器在侧杆电传操纵技术的发展和军用飞机座舱的整体设计中都发挥了重要作用。现在,越来越多的座舱设计者使用飞行模拟器来应用和评估新的人体工程学设计概念。

10.2.2　航空电子设备

同样的进步除了改变了现代飞机座舱的设计外,还使座舱仪表和显示系统同样发生了深刻变化。传统的模拟仪表显示器在过去几代人中一直是座舱的固定装置,但很快就被数字图像显示器所取代。新型的"玻璃座舱"设计在现代飞机上已经司空见惯。许多使用飞行模拟器得出的研究成果已经被采用,并且仍然被用于开发这种新形式的座舱仪表。类似的座舱研究类飞行模拟器如图10.1 所示。如今,研究的重点是改进单个显示器的设计,并解决这些新显示器与现有航空电子设备套件的集成问题。同时,使用研究类飞行模拟器还涉及信息管理问题,这个问题通常与座舱上大量信息连续呈现有关。

研究类飞行模拟器对新的飞行显示设计概念也有帮助,代表之一就是平视显示系统(head-up display system,HUD$_s$),现在许多军用、民用飞机上都有这种系统。HUD 可以为飞行员提供关键的飞行操纵等信息,并将其显示在座舱前窗的投影或透明屏幕上。这样不仅可以使飞行员继续观察座舱窗外的视景,也不需要飞行员再低头查看座舱仪表。对民航飞行员来说,在飞行关键时刻获取信息就不需要再从座舱内过渡到座舱外。在军用航空中,HUD 还包含瞄准和武器系统信息,飞行员可以在空战机动的高工作负荷期间随时获取这些信息。NASA VMS 中的平视显示器如图 10.2 所示。

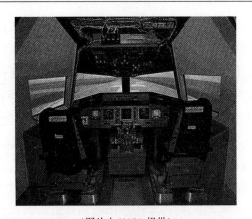

（图片由 NASA 提供）

图 10.1　座舱研究类飞行模拟器

（图片由 NASA 提供）

图 10.2　NASA VMS 中的平视显示器

研究类飞行模拟器还参与了新系统的开发,使飞行员能够在飞行显示器上看到外部视景的合成版本。这种"合成视景"结合了红外、雷达、GPS 等各种技术来创建并持续更新外部世界的合成图像。在前方能见度非常有限或不存在的情况下,这种显示技术是非常宝贵的。由于在低能见度进近和着陆操作中飞行的固有危险性,研究类飞行模拟器在模拟飞行操作方面作用非常明显。

10.2.3　机场容量改进

随着商业航空的持续发展,现有机场应对日益增长的空中交通的能力已成为令人担忧的问题。提高机场容量的一种方法是提高现有跑道的利用率,改进的着陆制导系统,如微波着陆系统(microwave landing system,MLS)就是其中一种。MLS 进近指南允许一些现有机场使用不同的进近计划和程序,使飞机进入那些原本无法使用的跑道。研究类飞行模拟器此时会用来研究这种方法在实际操作条件下的安全系数。类似的研究项目还有使用飞行模拟器来评估使用平行仪表进近的可能性,这些跑道目前的间隔小于所要求的间隔。当然,研究类飞行模拟器还可以被用于旨在减少跑道入侵的项目中。随着机场交通密度的增加,飞机穿越或以其他方式进入别的起降飞机使用的活动跑道的频率也在增加。事实证明,研究类飞行模拟器在评估新程序、机场标识及高级驾座舱显示系统(旨在提醒飞行员潜在冲突)方面起到了显著的积极作用。

10.2.4　人为因素

飞行模拟器也越来越多地被用于解决许多人为因素造成的安全问题。人为因素包括飞行员的工作负荷和疲劳、机组资源管理、飞行员技能维护、通信和人与系统集成不佳等问题。人为因素是造成商业和通用航空事故的主要原因,需要研究人员和监管部门给予更多关注。由于现代飞行模拟器能够提供足够真实的飞行环境,这为研究飞行员和机组人员的行为奠定了基础。在复杂和苛刻的环境中,飞行员和机组人员需要具备高水平的手动飞行技能,以及解决问题、决策和资源管理的能力。利用飞行模拟器研究的结果将有助于开发改进的训练计划、操作程序、机组人员调度和座舱航空电子设备等。

10.2.5　训练研究

改进训练计划是解决上述人为因素问题的一种方法。飞行模拟器是研究训练方法和技术的一种合理选择。几十年来,飞行模拟器一直在扮演这一角色,并且至今如此。

近年来,飞行模拟器被广泛用于研究如何改进机组人员之间的协调和通信训练,并作为检验机组人员互动问题的工具发挥了重要作用。利用飞行模拟器进行的研究也推动了现代员工培训技术的发展,如机组资源管理(crew resource management,CRM)培训。现代 CRM 培训项目能够利用 20 多年前在飞行模拟器中进行的 LOS 培训研究(Ruffell-Smith,1979 年)。

为了提高空战训练的任务效率,在军事航空方面也开展了类似的研究。此时的研究类飞行模拟器不仅用于改进 CRM 训练方法,而且还用于检验在模拟战斗条件下训练战术决策和解决问题技能的改进方法是否有效,其中包括遭遇地面和空中威胁,以及要求飞行员与其他飞机和地面控制中心进行协调等。无论是军事还是民用航空训练,飞行模拟技术为改进训练方法提供了一个宝贵的平台,前提是飞行模拟器需要具有足够真实的飞机模拟和任务环境模拟的能力。

10.2.6　事故调查

飞行模拟器也被用作安全研究和事故调查的工具。许多飞机上都安装了飞行记录器,方便后续在飞行模拟器中进行还原。记录器能够以非常高的速率对数百个飞机状态参数进行采样,这些数据可用于事故后在飞行模拟器中重建飞机状态参数。结合其他已知数据(如天气和 ATC 通信数据),可以实时再现事故发生前的情景。飞行模拟器可以让安全调查员坐在飞行员座椅上,亲自体验飞行员在事故发生之前的经历,通过这种方式在调查飞机事故中的人为因素问题时特别有用。调查人员利用飞行模拟器能够对飞机事故的系统和人为因素获得新的了解,这是无法通过其他方式获得的。

10.2.7　飞行模拟器设计

当然,研究类飞行模拟器也被用于研究飞行模拟器设计中的各种问题,包括视景模拟、运动平台模拟、通信模拟、操纵品质模拟等设计问题。研究类飞行模拟器通常用于确定模拟组件设计参数对飞行员表现的可测量影响。此类研究的基本原理是,如果飞行模拟器部件的设计差异对模拟中的飞行员行为没有可测量的影响,那么这些差异不太可能影响飞行员在飞机中的表现。这使飞行模拟器成为评估训练设备的一种非常经济有效的设备,在设备生产之前可以去掉那些无效和具有潜在成本的组件。

10.3　飞行模拟器研究设备

以飞行模拟器为主要研究工具的航空研究设备遍布全球,这其中大部分都是由政府机构和大学持有和经营,少数由私营企业经营,包括机身制造商和私营研究公司。这些设备的研究目标各不相同,包括飞机设计和航空电子研究、航空安全保障计划、人为因素研究、机组人员培训研究及航空运营效率方面的研究等等。由于篇幅有限,这里只选择一部分进行阐释,目的是说明飞行模拟器技术在研究活动中的广泛性和多样性。

10.3.1 美国空军研究实验室作战人员训练研究部门

美国空军研究实验室(USA air force research laboratory, USAFRL)作战人员训练研究部门位于亚利桑那州梅萨,其主要任务是帮助美国空军研究训练方法和技术。它的研究范围非常广泛,包括机组人员培训方法、训练设备和模拟设计等。研究设备包括多任务训练研究模拟器、单元级训练研究设备,以及指挥、控制和通信研究模拟器。

10.3.2 美国联邦航空局民航医学研究所

美国联邦航空局民航医学研究所(Civil American Institute, CAMI)位于俄克拉何马州俄克拉荷马市,它是美国开展航空医学研究项目的主要研究机构。CAMI 的人力资源研究部门会使用高级通用航空研究模拟器(advanced general aviation research simulator, AGARS)等来调查各种问题,包括通用航空飞机特有的人为因素和系统集成问题。

10.3.3 克兰菲尔德大学工程学院

克兰菲尔德大学位于英国克兰菲尔德,其工程学院在使用飞行模拟器进行工程研究方面有着悠久的历史。克兰菲尔德目前正在进行航空电子设备、飞行操纵系统及人为因素等方面的研究。它的研究设备包括一个固定基座的 B-747 模拟器,一个用于部分任务训练研究的通用航空模拟器,称为 Aerosoft 飞行模拟器(aerosoft flight simulator, AFS),以及一个辅助性的飞机建模和仿真环境(AVMASE)。

10.3.4 代尔夫特理工大学

位于荷兰代尔夫特的代尔夫特理工大学从事飞行模拟器研究已有多年。目前的研究集中在大型运输操纵品质、座舱设计和飞行模拟器逼真度研究上。代尔夫特理工大学的研究设备包括 SIMONA 研究模拟器(SIMONA research simulator, SRS),这是一种通用的飞机模拟器。

10.3.5　国家航空航天实验室

国家航空航天实验室(national aerospace laboratory, NLR)在荷兰阿姆斯特丹和东北圩田都有设备。NLR 在民用和军用航空领域拥有高度多样化的航空航天研究项目,其设备包括全任务战斗机和运输机模拟器。NLR 的研究项目涉及航空电子设备和空气动力学研究等多个领域。

10.3.6　美国国家航空航天局

美国国家航空航天局(National Aeronautics and Space Administration, NASA)是美国主要的民用航空航天研究机构。它从事各种航空航天研究项目。NASA 的主要飞行模拟器设备位于弗吉尼亚州兰利的 NASA-Langley 研究中心和位于加利福尼亚州莫菲特菲尔德的 NASA-Ames 研究中心。NASA-Langley 研究中心的设备涵盖了各种各样的飞行模拟器,包括通用座舱研究模拟器。

NASA-Ames 研究中心的设备包括前一章所述的 NASA VMS 和载人飞行器系统研究设备(crew-vehicle systems research facility, CVSRF)。CVSRF 主要是为了研究各种民航运输领域中的人为因素问题而开发的。该设备包括 B-747 飞行模拟器和通用高级座舱研究模拟器。此外,CVSRF 还包括一个 ATC 模拟实验室,用于飞行模拟研究。

10.4　小　　结

飞行模拟器不仅被用作训练和评估飞行员的设备,而且还广泛用于航空航天研究项目。这些飞行模拟器包括为特定研究而专门设计的模拟器,以及为支持更广泛的研究而设计的改进型训练模拟器。研究类飞行模拟器通常是第一个使用先进模拟技术来支持调查研究的。这些飞行模拟器是在全球实验室进行航空航天研究的重要组成部分。

附　　录

缩略语列表

3-D	三维
3-DOF	三自由度
6-DOF	六自由度
ACARS	ARINC 通信和地址报告系统
AGARS	高级通用航空研究模拟器
AOI	感兴趣区域
ARTCC	航路交通管制中心
AFS	Aerosoft 飞行模拟器
ASOS	自动地面观测系统
ATC	空中交通管制
ATD	航空训练装置
ATIS	自动化终端信息系统
AV-MASE	飞行器建模与仿真环境
AWOS	自动气象观测系统
BC	反航线
CAMI	民航医学研究所
CGI	计算机成像技术
C_{obj}	目标对比度
COTS	商用现货
CPT	座舱程序培训
CRM	机组资源管理

CRT	阴极射线管
CTA	认知任务分析
CTAF	公共交通区频率
FAA	联邦航空管理局
FFS	全任务飞行模拟器
FMS	飞行管理系统
FOV	视场
FOV_H	水平视场
FOV_v	垂直视场
FTD	飞行训练装置
GAT	通用航空教练机
GPS	全球定位系统
GPWS	近地警告系统
IATA	国际航空运输协会
ICAO	国际民航组织
ILS	仪表着陆系统
IOS	教员控制台
$L\Delta$	物体亮度与物体背景亮度之差
L_{bg}	物体背景亮度
L_{max}	最大亮度
L_{min}	最小亮度
LCD	液晶显示器
LOC	定位器
LOFT	面向航线飞行训练
LOS	面向线路的仿真
LOS_{obs}	观察者视线
MLS	微波着陆系统
NASA	(美国)国家航空航天局
NASA TLX	(美国)国家航空航天局任务负荷指数
NDB	非定向信标
PC	个人计算机

PCATD	个人计算机航空训练设备
SAS	模拟器适应综合征
SRS	SIMONA 研究模拟器
TCAS	交通碰撞与避撞系统
TER	转移效率
TOT	执行任务时间
TRACON	终端雷达控制
TTS	语音合成
TWEB	航路终端天气广播
VHF	甚高频
VMS	垂直运动模拟器
VOR	甚高频全向无线电

参 考 文 献

[1] Atkinson, R. C. and Shiffrin, R. M. (1968). Human memory: A proposed system and its control processes. In K. W. Spence and J. T. Spence (Eds.), The Psychology of Learning and Motivation (Vol. 2). New York: Academic Press.

[2] Bell, H. H. and Waag, W. L. (1998). Evaluating the effectiveness of flight simulators for training combat skills: A review. International Journal of Aviation Psychology, 8, 223-242.

[3] Biggs, S. J. and Srinivasan, M. A. (2002). Haptic interfaces. In K. M. Stanney (Ed.), Handbook of Virtual Environments (pp. 93-115). Mahwah, NJ: Lawrence Erlbaum Assoc.

[4] Bradley, D. R. (1995). Desktop flight simulators: Simulation fidelity and pilot performance. Behavior Research Methods, Instruments and Computers, 27, 152-159.

[5] Brandt, T. , Dichgans, J. and Koenig, E. (1973). Differential effects of central versus peripheral vision on egocentric and exocentric motion perception. Experimental Brain Research, 16, 476-491.

[6] Bray, R. (1973). A study of vertical motion requirements for landing simulation. Human Factors, 3, 561-568.

[7] Brown, J. S. , Knauft, E. B. and Rosenbaum, G. (1947). The accuracy of positioning reactions as a function of their direction and extent. American Journal of Psychology, 61, 167-182.

[8] Burke-Cohen, J. , Kendra, A. , Kanki, B. and Lee, A. T. (2000). Realistic radio communications in pilot simulator training. (DOT Technical Report DOT-VNTSC-FAA-00-13). Washington, D. C. : Office of Aviation Research.

[9] Burke-Cohen, J., Soja, N. N. and Longridge, T. (1998). Simulator platform motion-the need revisited. International Journal of Aviation Psychology, 8, 293-317.

[10] Caro, P. W. (1988). Flight simulation and training. In E. L. Weiner and D. C. Nagel (Eds.), Human Factors in Aviation. New York: Academic Press.

[11] Clark, B. and Stewart, J. D. (1968). Comparison of three methods to determine thresholds for perception of angular acceleration. American Journal of Psychology, 81, 207-216.

[12] Cooper, G. E. and Harper, R. P, Jr. (1969). The use of pilot rating in the evaluation of aircraft handling qualities. NASA TN D-5153.

[13] Comstock, J. R., Jones, L. C. and Pope, A. T. (2003). The effectiveness of various attitude indicator display sizes and extended horizon lines on attitude maintenance in a part-task simulation. Proceedings of the Human Factors and Ergonomics Society. Santa Monica, CA: The Human Factors and Ergonomics Society.

[14] Dennis, K. A. and Harris, D. (1998). Computer-based simulation as an adjunct to ab initio flight training. International Journal of Aviation Psychology, 8, 261- 276.

[15] Dixon, K. W., Martin. E. L., Rojas, V. A. and Hubbard, D. C. (1990). Field-of-view assessment of low-level flight and an airdrop in the C-130 Weapon System Trainer (WST). US AFHRL Tech. Rpt. Jan Tech Rpt 89-9 20.

[16] Guedry, A. J. (1976). Man and motion cues. Proceedings of the Third Flight Simulation Symposium. London: Royal Aeronautical Society.

[17] Hart, S. G. and Staveland, L. E. (1988). Development of NASA-TLX (Task Load Index): Results of empirical and theoretical research. In P. A. Hancock & N. Meshkati (Eds.), Human Mental Workload (pp. 139- 1830). Amsterdam: North Holland.

[18] Havron, M. D. and Butler, L. F. (1957). Evaluation of training effectiveness of the 2-FH-2 helicopter flight training research tool (Tech. Rep. No.

NAVTRADEVCEN 20-OS-16, Contract 1925). Arlington, VA: U. S. Naval Training Device Center.

[19] Hays, R. T. (1992). Flight simulator training effectiveness: A meta-analysis. Military Psychology, 4, 63-74.

[20] Hettinger, L. J. (2002). Illusory self-motion in virtual environments. In K. M. Stanney (Ed.), Handbook of Virtual Environments. Mahwah, New Jersey: Lawrence Erlbaum Associates.

[21] Hettinger, L. J., Todd, T. W. and Haas, M. W. (1996). Target detection performance in helmet-mounted and conventional dome displays. International Journal of Aviation Psychology, 6, 321-334.

[22] Hood, D. C. and Finkelstein, M. A. (1986). Sensitivity to light. In K. R. Boff, L. Kaufman, and J. D. Thomas (Eds.), Handbook of Perception and Human Performance: Sensory Processes and Perception. New York: John Wiley and Sons.

[23] Howard, I. P. (1986). The vestibular system. In K. R. Boff, L. Kauffman, and J. P. Thomas (Eds.), Handbook of Perception and Human Performance: Sensory Processes and Perception. New York: John Wiley and Sons.

[24] Jennings, S., Craig, G., Reid, L. and Kruk, R. (2000). The effect of helicopter system time delay on helicopter control. Proceedings of the IE A 2000/HFES 2000 Congress. Santa Monica, CA: Human Factors and Ergonomics Society.

[25] Jorna, P. G. A. M. (1993). Heart rate and workload variations in actual and simulated flight. Ergonomics, 36, 1043-1054.

[26] Kellog, R. S., Castore, C. H. and Coward, R. E. (1984). Psychological effects of training in a full vision training simulator. In M. E. McCauley (Ed.), Research Issues in Simulator Sickness: Proceedings of a Workshop (pp. 2-6). Washington, D. C.: National Academy Press.

[27] Kennedy, R. S., Lilienthal, M. G., Berbaum, K. S., Baltzely, D. R. and McCauley, M. E. (1989). Simulator sickness in U. S. Navy flight simulators. Aviation, Space, and Environmental Medicine, 60, 10-16.

[28] Kirwan, B. and Ainsworth, L. K. (Eds.). (1992). A Guide to Task A-
nalysis. London: Taylor and Francis.

[29] Kleiss, J. A. and Hubbard, D. C. (1993). Effects of three types of flight
simulator visual scene detail on detection of altitude changes. Human Fac-
tors, 35, 653-671.

[30] Kruk, R. and Reagan, D. (1983). Visual test results compared with flying
performance in telemetry tracked aircraft. Aviation, Space, and Environ-
mental Medicine, 54,906-911.

[31] Lawson, B. D., Graeber, D. A., Mead, A. M. and Muth, E. R. (2002).
Signs and symptoms of human syndromes associated with synthetic experi-
ences. In K. M. Stanney (Ed.), Handbook of Virtual Environments. Mah-
wah, New Jersey: Lawrence Erlbaum Associates.

[32] Lee, A. T. (2003). Air traffic control communications simulation and
aircrew training. Proceedings of the Royal Aeronautical Society: Simulation
of the Environment. London: The Royal Aeronautical Society.

[33] Lee, A. T. and Bussolari, S. (1989). Flight simulator platform motion and
air transport pilot training. Aviation, Space, and Environmental Medicine,
60, 136-140.

[34] Lee, A. T. and Lidderdale, I. G. (1983). Visual scene simulation require-
ments for C-5A/C-141B aerial refueling part task trainer (AFHRL-TP-82-
34). Williams AFB, AZ: Air Force Human Resources Laboratory.

[35] Levison, W. H., Lancraft, R. E. and Junker, A. M. (1979). Effects of
simulator delays on performance and learning in a roll-axis tracking task.
Proceedings of the Fifteenth Annual Conference on Manual Control. Dayton,
OH: Air Force Wright Aeronautical Laboratories.

[36] Lintern, G. and Koonce, J. M. (1992). Visual augmentation and scene de-
tail effects in flight training. International Journal of Aviation Psychology. 2,
281-301.

[37] Lintern, G., Roscoe, S. N., Koonce, J. M. and Segal, L. D. (1990).
Transfer of landing skills in beginning flight training. Human Factors, 32,
319-327.

[38] Magnusson, S. M. (2002). Similarities and differences in psychophysiologi-cal reactions between simulated and real air-to-ground missions. Interna-tional Journal of Aviation Psychology, 12, 49-61.

[39] Martin, E. L. (1981). Training effectiveness of platform motion: Review of motion research involving the advanced simulator for pilot training and the simulator for air-to-air combat. US AFHRL Technical Report. Feb No 79-51 29.

[40] Martin, E. L. and Cataneo, D. F. (1980). Computer-generated image: Relative training effectiveness of day versus night visual scenes. USAF HRL Tech. Rpt. Jul No. 79-5631.

[41] Morrow, D., Lee, A. T., and Rodvold, M. (1993). Analyzing problems in routine pilot-controller communications. International Journal of Aviation Psychology, 3, 285-302.

[42] Mulder, M., Pleisant, J-M., van der Vaart, H., and van Wieringen, P. (2000). The effects of pictorial details on the timing of the landing flare: Results of a visual simulation experiment. The International Journal of Avia-tion Psychology, 10, 291-315.

[43] Nahon, M., Ricard, R., and Gosselin, C. M. (2004). A comparison of flight simulator motion-base architectures. Dept. of Mechanical Engineer-ing, University of Victoria, Victoria, B. C., Canada.

[44] Nataupsky, M. (1979). Platform motion contributions to simulator training effectiveness: Study Ⅲ. Interaction of motion with fields-of-view. US AFARL Tech. Rpt. Nov No. 79-25 28.

[45] Orlansky, J. and String, J. (1977). Cost-effectiveness of flight simulators for military training: Vol. I. Use and effectiveness of flight simulators (IDA Paper No. P-1275). Arlington, VA: Institute for Defense Analysis.

[46] Ortiz, G. A. (1994). Effectiveness of PC-based flight simulation. Interna-tional Journal of Aviation Psychology, 4, 285-291.

[47] Padmos, P. and Milders, M. V. (1992). Criteria for simulator images: A literature review. Human Factors, 34, 727-748.

[48] Pfeiffer, M. G., Horey, J. D., and Butrimas, S. K. (1991). Transfer of

simulated instrument training to instrument and contact flight. International Journal of Aviation Psychology, 7, 291-229.

[49] Pierce, B. J. and Geri, G. A. (1998). The implications of image collimation for flight simulator training. Proceedings of the Human Factors and Ergonomics Society, 1383-1387. Santa Monica, CA: The Human Factors and Ergonomics Society.

[50] Regan, D. M. , Kaufman, L. , and Lincoln, J. (1986). Motion in depth and visual acceleration. In K. R. Boff, L. Kaufman, and J. P. Thomas (Eds.) Handbook of Perception and Performance: Sensory Processes and Perception. New York: Wiley and Sons.

[51] Reingold, E. M. , Laschky, L. C. , McConkie, and Stamp, I. M. (2003). Gazecontingent multi - resolution displays: An integrative review. Human Factors, 45, 307-328.

[52] Rolf, J. and Staples, K. J. (1986). Flight Simulation. Cambridge, U. K. : Cambridge University Press.

[53] Roscoe, S. N. (1980). Aviation Psychology, Ames, IA: Iowa State University Press.

[54] Ruffell-Smith, H. P. (1979). A simulator study of the interaction of pilot workload with errors, vigilance, and decisions (NASA Technical Memorandum 78482). Moffett Field, CA: NASA-Ames Research Center.

[55] Ryan, L. E. Scott, P. G. , and Browning, R. F. (1978). The effects of simulator landing practice and the contribution of motion simulation to P-3 pilot training. TAEG Report, Sep No 63 39.

[56] Sanders, M. S. and McCormick, E. J. (1993). Human Factors in Engineering Design. New York: McGraw-Hill.

[57] Schraagen, J. M. , Chipman, S. F. and Shalin, V. L. (2000). Cognitive Task Analysis. Mahwah, New Jersey: Lawrence Erlbaum Associates.

[58] Sherrick, C. E. and Chulewiak, R. W. (1986). Cutaneous sensitivity. In K. R. Boff, L. Kaufman, and J. P. Thomas (Eds.), Handbook of Human Perception and Human Performance: Sensory Processes and Perception. New York: John Wiley and Sons.

[59] Shilling, R. D. and Shinn-Cunningham, B. (2002). Virtual auditory displays. In K. M. Stanney (Ed.), Handbook of Virtual Environments. Mahwah, New Jersey: Lawrence Erlbaum Associates.

[60] Stephens, D. (1979). Developments in ride quality criteria. Noise Control Engineering, 72, 6-14.

[61] Steurs, M., Mulder, M. and Van Passen, M. M. (2004). A cybernetic approach to assess flight simulator fidelity. AIAA Modeling and Simulation Technologies Conference and Exhibit. AIAA 2004 - 5442, Providence, Rhode Island, 16-19 August.

[62] Taylor, H. L., Lintern, G., Holin, C. L., Talleur, D. A., Emanuel, T. W. and Phillips, S. I. (1999). Transfer of training effectiveness of a personal computer aviation training device. InternationalJournal of Aviation Psychology, 9, 319-335.

[63] Taylor, H. L., Lintern, G., and Koonce, J. M. (1993). Quasi-transfer as predictor of transfer from simulator to airplane. Journal of General Psychology, 120, 257- 276.

[64] Tomlinson, D. (2004). Using speech recognition in ATC simulation to generate an interactive cockpit communications environment. Flight Simulation: 1929- 2029: A Centennial Perspective. London: The Royal Aeronautical Society.

[65] Tulving, E. and Thompson, D. M. (1973). Encoding specificity and retrievalprocesses in episodic memory. Psychological Review, 80, 352-373.

[66] Ungs, T. J. (1989). Simulator induced syndrome: Evidence for aftereffects. Aviation, Space, and Environmental Medicine, 60,252-255.

[67] Welch, R. B. (2002). Adapting to virtual environments. In K. M. Stanney (Ed.),Handbook of Virtual Environments. Mahwah, New Jersey: Lawrence ErlbaumAssociates.

[68] Wildzunas, R. M., Barron, T. L., and Wiley, R. W. (1996). Visual display delayeffects on pilot performance. Aviation, Space, and Environmental Medicine,67,214-221.

[69] Witmer, B. G. and Singer, M. J. (1998). Measuring presence in virtual

environments: A presence questionnaire. Presence: Teleoperators and Virtual Environments, 7, 225-240.

[70] Zindhol, J. M. , Askins, T. M. , and Sission, N. (1996). Image update rate can affect the perception of simulated motion. USAF AMRL Tech. Rpt. No. AL-HR-TR-1995-0194.